国家自然科学基金项目(51709110)、河南省科技计划项目(162300410138)
河南省高等学校重点科研项目(18A570005) 联合资助出版

大棚作物需水量及环境调控技术研究与应用

葛建坤　著

科 学 出 版 社
北 京

内 容 简 介

本书主要介绍大棚作物需水量及环境调控技术，主要包括：大棚番茄田间试验研究，大棚番茄蒸腾速率变化规律及偏最小二乘回归（partial least-squares regression，PLS）模型研究，大棚番茄膜下滴灌需水量计算方法研究，大棚番茄生态环境调控理论及节水效应研究，大棚热环境动态模型研究，基于自适应神经网络模糊推理系统（adaptive network-based fuzzy inference system，ANFIS）的大棚内热环境调控模型研究等。全书理论与技术相结合，内容翔实，层次分明，具有较强的实用性。

本书可供从事或涉及节水灌溉的技术人员参考阅读，同时也适合高等院校相关专业的师生和科技人员在教学、生产和科研工作中参考使用。

图书在版编目(CIP)数据

大棚作物需水量及环境调控技术研究与应用 / 葛建坤著. —北京：科学出版社，2017.10

ISBN 978-7-03-055034-7

Ⅰ.①大… Ⅱ.①葛… Ⅲ.①温室栽培-作物需水量-研究 ②温室-农业环境-调控-研究 Ⅳ.①S625.5

中国版本图书馆 CIP 数据核字（2017）第 261147 号

责任编辑：张 展 于 楠 / 责任校对：梁晶晶
责任印制：罗 科 / 封面设计：墨创文化

科学出版社 出版
北京东黄城根北街16号
邮政编码：100717
http://www.sciencep.com

成都锦瑞印刷有限责任公司 印刷
科学出版社发行 各地新华书店经销

*

2017 年 10 月第 一 版 　 开本：787×1092 1/16
2017 年 10 月第一次印刷 　 印张：7 1/2
字数：212 千字
定价：58.00 元
（如有印装质量问题，我社负责调换）

前　　言

日光温室（也称大棚）是我国近年来发展优质设施农业和高效节水型农业的一个重要组成部分。其特点是保温好、投资低、节约能源，非常适合我国经济欠发达的农村使用。对于膜下滴灌大棚作物，确定室内作物需水量及需水规律，是实施节水灌溉和制定灌溉制度的最根本保证，而室内环境的调控技术也是实现温室大棚蔬菜节能高产的必要手段。为了充分发挥温室大棚等农业设施的保墒节水效果，首先必须对温室等设施栽培条件下主要蔬菜作物的需水量计算方法和环境调控技术进行深入的研究和探讨，其研究成果不仅能为温室作物制定科学合理的节水灌溉制度提供指导，也对我国高效节水型设施农业的发展具有重要的意义。

目前，国内外相关领域的研究人员在各类温室栽培条件下，基于不同目的对温室大棚作物膜下滴灌的蒸腾规律、需水特性及室内小气候变化特征等进行了大量研究，并取得了诸多成果。但由于世界各地农业设施的类型较多和应用范围较广，上述研究成果都具有明显的地域性和分散性的特点，特别是我国广泛发展的大棚膜下滴灌条件下的作物需水量计算方法及环境调控技术尚未有专门的理论成果可寻。因此，本书以膜下滴灌大棚番茄为研究对象，综合应用现代信息处理技术，结合田间试验，对大棚番茄需水量计算模型及室内主要环境因子的调控技术进行深入探讨和研究，为我国科学制定大棚膜下滴灌作物节水灌溉制度和进一步开发智能环境调控系统奠定理论基础。

本书结合大棚蔬菜种植的生产实际情况和自然条件，以膜下滴灌番茄为主要研究对象，以降低农业用水、提高设施农业水资源利用效率和蔬菜作物综合生产能力为目标，深化研究大棚内膜下滴灌作物需水规律及大棚环境的调控技术。第1章介绍国内外关于大棚作物需水规律及微气候的研究现状；第2章介绍大棚番茄田间试验的试验方案；第3章研究大棚番茄叶片的蒸腾规律，建立基于偏最小二乘回归的蒸腾速率预测模型；第4章对常见的几种大棚作物需水量计算方法进行讨论；第5章研究大棚膜下滴灌番茄的主要生态指标，提出最优调控措施；第6章建立大棚内热环境动态变化数学模型；第7章构建基于模糊控制理论的大棚内热环境调控模型；第8章对大棚作物需水量计算方法及室内环境调控技术的未来研究方向做展望。

本书由葛建坤撰写并统稿。本书在编写的过程中，从专业要求出发，力求加强基本理论、基本概念和基本技能等方面的阐述。华北水利水电大学高传昌和武汉大学罗金耀对全书进行了系统的审阅，提出了许多宝贵的修改意见，在此表达最诚挚的谢意。科学出版社为本书的出版付出了辛勤的劳动，研究生刘东鑫、王康三、李欢欢、杨宏光、刘智远等参与了本书文字、图表的处理等工作，在此表示衷心的感谢。由于作者水平有限，书中难免存在不足之处，恳请读者批评指正。

目　　录

第1章 绪 论

1.1 设施农业的发展及研究综述

我国是一个人多地少、水资源相对紧缺的国家,人均水资源占有量仅有 $2300m^3$ 左右,约为世界人均水平的 $1/4$。目前,随着农业现代化进程的加快和工业用水的不断增加,水资源紧缺已经成为制约我国农业发展的瓶颈。我国是一个农业大国,我国农业是用水大户,农业用水占总供水的 80% 左右,其中又以农业灌溉为主,因此我国农业必须走节水之路。20 世纪 90 年代以来,我国在减少农业灌溉用水的无益损耗、提高灌水质量和灌水效率的同时,加大了开发和推广节水灌溉技术的力度。其中,利用设施农业种植经济作物(主要以蔬菜为主)是近几年发展优质高效节水型农业的一种重要模式[1]。

所谓设施农业是指在有人工建造的具有对水、肥、气、热等环境因素调控设施的保护空间内进行农作物栽培生产的一种特殊农业生产方式,是在局部范围控制和改善气候环境,为蔬菜生长发育提供良好环境条件而进行有效生产的科技密集型农业生产体系。设施农业的本质目的在于通过创造和维持最优的农作物生长环境,为消费者提供更多的反季节农产品,促使农业种植结构发生改变,最终提高经济效益和社会效应。设施农业突破了传统农业的耕作方式,能够营造或部分营造作物生长的环境,使作物免受恶劣气候的影响,同时可靠的农田水利设施和环境控制系统可以提高农作物抵抗自然灾害的能力,降低自然风险,实现全天候(或反季节)生长,从而大大提高产量。

我国开展设施农业栽培技术具有非常悠久的历史,根据历史记载,自汉代以来我国就已经开始使用温室来进行蔬菜的种植了,但是直到清代的末期,我国才出现了真正意义上的现代温室。新中国成立以后,随着我国农业结构的不断完善和发展,温室大棚得到了快速的发展。近年来,随着经济社会不断发展,农产品购销体制和价格体制的改革与完善,农村经济结构的调整,特别是经济体制的确立和运行,以及人们生活水平的不断提高,设施农业作为高新技术产业,必将得到长足发展,在农村经济发展中的地位和作用也会越来越突出[1]。

1.1.1 主要设施类型

设施农业经过多年的发展,目前种类繁多,较为常见的保护设施类型有防雨棚、中小棚、塑料大棚、节能日光温室、玻璃温室和连栋大棚等,我国的设施农业按形式和规模可分为如下几类。

（1）节能型日光温室。节能型日光温室是在 20 世纪 90 年代，根据我国的具体国情而自行研发的一类经济适用农业保护设施。其中，国内首座智能化塑料连栋温室于1997 年 3 月在上海设计并建成，该类型温室中配备了许多造价低廉、性能可靠的设备，能够实现对室内多种环境要素的自动控制和调节；由辽宁首次研制成功的高效节能日光温室，在室内提供了机械卷帘、卷膜、滴灌和地中热交换等综合配套设备，具有良好的经济适用性（造价 72 元/m²），能够在室内外温差达到 30℃ 的条件下实现无须加温正常生产喜温果菜；华北型连栋塑料温室由中国农业大学于 1998 年研发成功，该类型温室集合了双层充气膜覆盖、湿帘风机降温系统和地中热交换系统等先进的技术，使能耗降低了 40%，它的造价较低（345 元/m²），充分说明了该温室具有良好的经济适用性。

（2）塑料大棚。塑料大棚是随着塑料工业发展起来的一种简易实用的保护地栽培设施，通过塑料棚室的覆盖作用，将太阳辐射能量予以存储保持热能，能使地温提高 1～9℃，并通过卷膜、通风等措施在一定范围内调节棚内的温度和湿度，有利于进行超时令、反季节的作物栽培。这种模式甚至被专业领域称作中国的"第五大发明"，被世界各国广泛采用，也是我国近十年来发展优质设施农业和高效节水型农业的一个重要组成部分。近年来，我国不断加大推广和发展设施农业和节水型农业的力度[2,3]，塑料大棚作物（主要为蔬菜）栽培正是为适应这种要求而迅速且大规模兴起的。实践证明，塑料大棚是适合我国国情的一种高效节能蔬菜保护地栽培设施。

由于塑料大棚在我国应用发展最快、种植面积最大，所以，其理论研究工作在我国也较世界其他国家和地区更广泛、更深入。

1.1.2　大棚节水灌溉技术

大棚内的灌溉技术应以调控设施内的水分环境为重要依据。试验表明，如果在大棚内采用传统的地面灌水技术（沟灌、畦灌），将对大棚作物的生长环境产生非常不利的影响，由于大棚环境相对封闭，地面灌溉水量蒸发的水汽大部分滞留在室内空气中无法排出，湿度过大不仅会严重阻碍作物的生长，还会大大增加病虫害的发生率。近年来，微喷灌、滴灌、膜下滴灌等灌水理论和技术都得到了快速的发展，并在大棚生产中取得了良好的灌水效果[4-13]。

（1）灌水技术对节水、增产及病虫害发生率的影响。国内众多专家学者对大棚作物的节水灌溉技术展开了研究。有关研究结果表明，滴灌、微喷灌和多孔管喷灌与传统的沟灌相比具有明显的节水效果，并降低空气湿度，这有利于缩短夜间结露时间和减轻病害的发生。张树森等[14]研究表明，在温室内采用渗灌的灌水技术比使用沟灌、管灌和滴灌的情况节水效应更加显著，与后三者相比渗灌可以节约 50.7%、43.1% 和 11.9% 的水量，不仅如此，温室渗灌还可以达到降湿、避病、增产的目的。诸葛玉平等[15]指出，大棚番茄室内采用渗灌技术不仅可以满足作物根系的需水要求，增加根系层土壤的通气性，还能有效减小棵间土壤蒸发，避免了传统地面灌溉方法的不良影响，节水和增产效果明显。

（2）灌水技术对作物水热条件及根区盐分的影响。梁称福[16]的研究表明，滴灌用于温室大棚中可节水 30％，同时可明显降低湿度和保持冬季地温，使棚内冬季灌溉见不到雾气。Fidler 对三种灌水方法（喷灌、滴灌和地下滴灌）对马铃薯叶表面温度的影响规律进行了比较分析，分析结果表明，马铃薯叶表面温度与周围空气温度和室内水汽张力相关性显著，并提出可以通过观测作物叶表面温度变化规律来判别不同灌溉技术条件下的作物生长状态。Bogle 将番茄作为试材，对地下滴灌和沟灌对土壤中水盐的影响进行了比较，结果发现采用高频少量的滴灌方式，可以有效地减少大棚番茄土壤中盐分堆积的现象。

（3）灌水技术与施肥的耦合效应[17]。不同的灌水技术或方法会使土壤水分状况出现很大差异，土壤水分状况的改变，最终引起养分的运移和分配发生改变，所以说施肥与灌水技术或方法是紧密相连的。国内外很多学者对如何降低土壤层的养分流失、提高作物根系的养分吸收率、减少施肥对环境的污染以及优化水肥耦合关系等进行了大量研究。例如，Gallmann 对膜下滴灌塑料大棚番茄施肥效应进行了试验研究，试验中，大棚番茄计划湿润层深度取 30cm，研究指出当土壤中具有 98％和 80％的田间持水量时，如果对番茄进行膜下滴灌，对应的氮肥用量分别为 300kg/hm^2 和 150kg/hm^2。Omran 指出滴灌和沟灌大棚辣椒的植株叶片和果实养分的浓度均随有机肥用量的增加而升高，而植株对养分的吸收受根区水分含量的影响。

我国还处在实施农业发展的初期阶段，大棚作物的单位产值还远远低于发达国家。大棚内节水灌溉技术和方法也相对比较落后，灌水定额为 9000～12000m^3/hm^2，水分的利用率只有 40％左右。落后的灌水技术还会对大棚环境造成很大影响，使大棚设施的节水增产作用得不到充分发挥。在这方面国内外都开展了大量的试验研究[18-25]，例如，进行大棚作物在膜下多孔管喷灌和微喷灌、沟灌及滴灌、膜下沟灌和畦灌的比较试验；大棚黄瓜滴灌的试验研究；采用日光温室渗灌技术、改善温室小环境等。试验结果表明，采用先进的灌水技术，在节水、增产和提高作物质量方面都有明显的效果。

1.1.3 大棚灌溉制度

为了节约用水、提高作物产量和品质必须采用科学合理的灌溉制度，灌溉制度的基本技术参数包括灌水定额、灌水历时和灌水次数。国内外大量研究表明，可以根据作物蒸散量、土壤计划湿润层深度和渗漏量等来确定灌水时间和灌水定额。20 世纪 60 年代，日本学者认为黄瓜每天灌溉一次，每次灌水量为 2.5mm 时得到的效果最好。Messahelm 提出了一种计算滴灌灌溉时间和灌水量的方法，同时指出需要在充分考虑土壤水分分布特点的情况下计算灌水定额。Chartzoulakis 等对温室茄子滴灌的用水量和产量进行了研究，研究结果表明，当灌水量采用 ET$_m$（最大蒸发蒸腾量）的 85％时对茄子产量没有什么影响，而当灌水量采用 ET$_m$ 的 65％和 40％时，茄子的产量分别降低 35％和 46％，且坐果率明显降低。Mannini 等[26]研究了滴灌对地中海贫瘠陆地甘蓝的影响，研究认为灌水量采用彭曼-蒙特斯（Penman-Montein）公式计算蒸散量的 1.45 倍是最佳灌水量。Harmanto 等[27]对热带番茄滴灌需水量进行了研究，研究结果表明，Tory489 番茄的最优需水量约为作物蒸发蒸腾量的 75％，此时，番茄的实际灌水量应当在 4.1～5.6mm/d。杨启国等[28]对甘肃节能日光温室蔬菜灌溉的用水量进行了研究，研究结果表明，越冬茬的番茄、西瓜、黄瓜等滴灌用水量分别为 570～590mm、481～550mm、580～610mm。曾向辉等[29]对番茄滴灌制度展开了研究，研究结果表明，番茄苗期、开花坐果期和结果期的计划湿润层深度应分别为 25cm、30cm 和 40cm，适宜的土壤含水率范围分别为 55%～70%、65%～85% 和 70%～90%。徐淑贞等[30]研究了日光温室滴灌番茄水分生产函数，研究过程采用 Jensen 连乘模型得到各生育阶段的水分敏感指数，并结合生产实践推荐了最佳灌溉定额，达到了优化灌溉制度的目的。孙俊等通过试验分析，指出大棚外日平均气温累计值与作物需水量存在良好的关系，可作为指导大棚滴灌的依据。

土壤水分适宜的上下限[31, 32]通常由田间持水率和凋萎系数等重要的水分参数来表示，然而作物对土壤水分最敏感的是土壤水分的能量状态，而不是土壤水分的绝对值。因此，也有不少学者建议采用土壤水分张力、土壤水势等能态指标对土壤的含水量[33]进行控制。

(1)不同地区、种类以及不同的生育阶段，作物的灌水下限会有所不同。初期以营养生长为主，土壤水势可适当定高一些，以后可定低一些以增加供水，这样既可节约用水，又能获得高产。诸葛玉平等[15]对大棚番茄渗灌灌水指标的试验研究表明，在番茄全生育阶段，当土壤含水量为田间持水量的 80% 时开始灌溉，此时产量最高；而 Borin 认为番茄的灌水起始点应为田间持水量的 68%，此时才有利于番茄的发育和产量的提高。栾雨时[34]认为大棚黄瓜在土壤水势达到 330mmHg 时开始灌水产量最高；李远新等[35]认为 PF2.3 可作为大棚甜瓜采秧期的灌水指标。

(2)传统的作物栽培和试验研究通常将田间持水率作为土壤水分上限，甚至是将饱和含水量作为土壤水分上限，但是对于半封闭的大棚种植环境而言，过多的灌水不但浪费了水资源而且造成温室大棚土壤及空气温湿度过大，病虫害增多，不利于大棚作物的正常生长发育。因此，有学者对灌水上限是否必须为田间持水量的 100% 进行了研究[36]。李建明等[37]的研究表明，当番茄灌溉的最佳土壤含水量上限为 90% 的田间持水量时，有利于增大植株干物质积累，提高壮苗指数，增强光合速率、根系活力，增大蒸腾速率；随后他们又对番茄开花坐果期灌溉土壤水分上限进行了试验研究，研究结果表明，灌溉上限为田间持水量的 85%～90% 有利于番茄的生长。还有学者针对温室辣椒在开花坐果期的灌溉上限进行了研究，研究结果表明，灌溉上限为土壤相对含水量的 90% 有利于提高茎粗、叶面积、坐果率及前期产量，在盛果期，灌溉上限为土壤田间持水量的 95% 有利于提高光合速率、水分利用率及产量。

(3)另外，灌水状况不仅会影响作物生长的土壤水分状况，还对植株自身的水分生理状况起到调节作用。因此在使用土壤水分状况作为灌溉指标的同时，也要考虑反映植物水分状况的生理指标，如叶片相对含水量、叶片水势、叶片自由水、细胞液浓度和叶片蒸腾强度、叶片扩散阻力、叶片气孔开度、束缚水含量以及植物伤流量等。例如，Oosterhuis 将作物叶色的变化定为开始缺水的指标，根据此指标来安排灌溉；Schoch 将水分供应状况用茄子茎粗的变化来表示，并将其作为人工控制条件下温室栽培的一个有用的灌溉指标。王绍辉等[38]对日光温室黄瓜在不同土壤含水量条件下的生理特性进行了试验研究。试验研究表明：当土壤含水量达到饱和含水量的 85%～90% 时，由于气孔阻力较小，根系活力和光合速率增强。因此，从水分利用的角度考虑，适当降低灌水上限，在减少无效的水分消耗并提高水分利用率的同时还可以提高产量。但是以上这些工作大多是关于不同水分处理对蔬菜水分生理、生育性状和产量影响的研究，所得结论存在一定的经验性和局限性[39]。

（4）近年开始采用数值模拟方法研究大棚微灌土壤水分的运动规律，在充分利用温室气、热、水、肥等资源以及制定合理的灌溉制度方面都取得了较大的进展。在蒸散与蒸腾模式及黄瓜根系吸水模式的研究方面，王绍辉[39]基于土壤水动力学理论建立了土壤水分动态的数值模型，利用此模型模拟黄瓜等生育期土壤水分动态，并对不同灌溉量和土壤不同初始含水率对土壤水分动态的影响进行了数值分析，为指导日光温室黄瓜生产中的合理灌溉问题提供了理论依据和量化指标。冯绍元等[40]针对番茄生长条件下温室地表滴灌剖面二维土壤水分运动状况建立了数学模型，该模型采用交替方向隐式差分法和Gauess-Seidel 法进行求解，并对所设置的两种典型灌水方式处理下的土壤水分分布进行了分析，研究结果表明：温室土壤水负压的计算值与监测值较为一致。

灌水的目的是要适时适量地根据作物生长发育需要进行供水，因此仅将适宜土壤的含水率作为作物的供水指标并不能及时、直接和客观地反映作物体内的实际水分状况，而将其与作物的水分生理指标结合起来研究是解决作物需水量和灌溉制度的较好途径，但由于实现难度较大至今还未取得实质性进展[41,42]。因此，在更多的试验研究中寻求理论方法，据此为塑料大棚滴灌作物确定在节水条件下的灌溉制度，是设施农业亟待解决的主要问题之一。

1.2　南方蔬菜大棚的发展及存在的问题

我国南方地区（主要是北回归线以北与秦岭、淮河以南的广大地区）虽然水资源相对丰富，但其时空分布不均，加上人为污染等，使这一区域的灌溉水资源仍然有限，节水同样是解决该区域水资源供需矛盾的有效途径之一。随着我国社会经济建设的发展和居民生活水平的提高，人们对蔬菜产品与品质的要求也越来越高，而这一地区每年从 11 月到次年 4 月为有霜期，气温较低，绝大多数蔬菜（如番茄）又是喜温（一般为 22℃左右）和相对好湿的作物，这个时期露地蔬菜种植的品种极为有限，而且产量低。

在我国南方地区，塑料大棚（这里简称为"大棚"，不含日光温室）除了冬春季节用于蔬菜、花卉的保温和越冬栽培，还可更换遮阴网用于夏秋季节的遮阴降温和防雨、防风、防雹等。它不仅能够营造或部分营造喜温蔬菜作物生长的环境，使其免受恶劣气候等自然环境的影响；同时合理的灌排和对环境的调控可有效提高作物抵抗自然干扰的能力，实现全天候（或反季节）生长，从而大大提高产量和质量。此外，南方地区与北方地区不同的是，大棚一般不需要专门的供暖和加热设施就可以满足作物对温度的要求（图 1-1、图 1-2）。

图 1-1　南方典型的朝阳式大棚　　　　　　图 1-2　大棚内的膜下滴灌

大棚土壤耕作层不能直接利用天然降水，需要依靠人为灌溉补充水分[43-52]，如果继续采用传统的地面灌溉方式（沟灌、畦灌）不仅对水资源是一种浪费，还会使大棚内出现高温高湿的状况，高温高湿的大棚环境会大大提高病虫害的发生率，最终导致大棚蔬菜品质和产量的下降[47-49]。为了解决这些矛盾，大棚内的灌溉方式一般以滴灌为主，尤以膜下滴灌的应用最为普遍[50-52]。膜下滴灌是将滴灌管铺设在膜下，以减少土壤棵间蒸发，提高水的利用效率，并可进一步保持地温和土壤墒情、降低棚内湿度，从而有效地遏制杂草生长和病虫害的发生。这项栽培技术不仅改变了传统的农业栽培技术和耕作方式，而且改善了田间土壤水、肥、气、热等状况和作物生长环境，对作物节水、增产、提高产品质量，都具有十分明显的现实意义。

（1）对于膜下滴灌大棚作物，如何制定合理的灌溉制度成为实施节水灌溉技术和提高节水效果的关键问题。确定大棚作物需水量及需水规律，是实施节水灌溉和制定灌溉制度的最根本保证。为了充分发挥大棚等保护地的保墒节水效果，首先必须对大棚等保护设施栽培条件下主要蔬菜作物的需水规律、需水量计算方法进行深入的研究和探讨，其研究成果不仅能为大棚作物制定科学合理的节水灌溉制度提供指导，也对我国节水高效型设施农业的发展具有一定的现实意义[53-55]。对大田作物的需水量及需水规律的研究，国内外（尤其是我国）众多学者已经做过很多工作，积累了许多成熟的试验研究方法和经验，并取得了大量的具有实用价值的成果[2,56,57]。但是到目前为止，关于设施栽培条件下的主要蔬菜，特别是关于我国南方地区大棚作物膜下滴灌需水量及其灌溉制度的研究成果却不多见，已取得的一些成果一般都局限于特定的气候条件以及特定的温室类型，研究成果尚不能在全国范围内得到推广应用。理论研究成果对这一领域的支撑作用显得苍白无力，这与我国节水农业的发展对科学技术的要求极不相称，迫切需要就这一问题开展系统的试验研究。因此，寻求一类适于我国南方地区大棚内的作物需水量的计算模型，提高大棚作物需水量计算和预测的精度，已成为当务之急。

（2）与露地相比，大棚内作物的生长环境发生了很大的变化[26,41,58-71]，大棚中的土壤-植物-大气连续体（soil-plant-atmosphere-continuum，SPAC）系统基本为一个封闭或半封闭的系统，SPAC 系统中的 atmosphere 主要指的是大气系统，其主要要素是太阳辐射、风速风向、气温和水汽含量等，而大棚内空气系统与室外大气系统有着较大的差异，它在保温时则为封闭的无风状态，其空气系统要素包括大棚内的光照、温度、湿度、CO_2含量等相对较为稳定，这些要素在一定程度上又可进行人工调控，如灌溉、排水、通风、卷帘保温等，其中进行任何一个要素的操控必然影响其他要素，因此它们又具有瞬变性，这种特点构成了大棚空气环境系统与室外大气系统的显著差异。为区别和明确起见，本书将大棚空气系统定义为"大棚环境（environment）"系统，露地广义的 SPAC 系统在此改称为"土壤-植物-环境连续（soil-plant-environment-continuum，SPEC）系统"。与室外 SPAC 系统相比较，大棚 SPEC 系统内小气候效应显著：①室内光照强度弱于室外；②棚内空气流动性差，风速常接近于零；③空气温湿度高于室外，存在强耦合性；④无法利用天然降水，必须依靠人工灌溉来补充水分。鉴于大棚系统与露地作物生长环境系统的区别，本书将大棚作物生长及其环境系统定义为"大棚生态环境系统"。

大棚生态环境系统的因素构成及其关系十分复杂，不仅与室外气象要素（如太阳辐射、风速风向、大气温度与湿度等）有着密切的关系，而且与室内生产条件（如作物种类及作物生长状况、土壤含水量、土壤温度、大棚温度和湿度、CO_2浓度施肥水平等）密切相关，还与生产管理措施（如灌溉排水、通风去湿、地膜、卷帘保温等）密切相关。它们的共同作用构成了大棚 SPEC 系统，这些要素的相互作用、相互影响，其中任何一个要素的改变，必然引起其他要素的改变，这种交互影响关系的大致如图 1-3、图 1-4 所示。

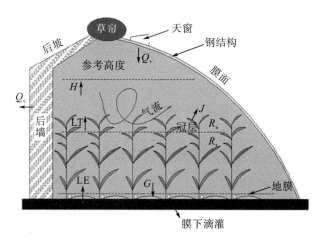

图 1-3　塑料大棚结构及膜下滴灌 SPEC 示意图

Q_v. 通风量；R_a. 冠层总辐身；R_s. 短波辐射；G. 土壤热通量；Q_c. 长波辐射；
H. 显热通量；LE. 蒸发潜热；LT. 蒸腾潜热

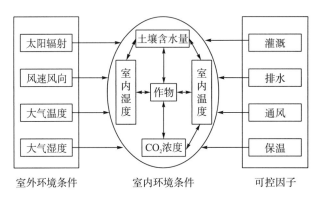

图 1-4　塑料大棚 SPEC 系统简图

事实上，大棚作物的生长发育、产量的形成乃至品质的构成，不仅与作物品种有关，而且与大棚生态环境系统要素(如光照、温湿度、土壤及其水分状况、施肥水平、作物状况、CO_2浓度等)密切相关，它们相互作用、相互影响，机理也十分复杂。这些因素中的任一因素的改变(通过调控)，必然引起其他因素的改变。

大棚生态环境的管理问题不容忽视。目前，我国南方地区大棚蔬菜种植模式正在迅速发展，这类大棚的作物生长环境依赖日光加温、棚膜保温和人工调控，并以滴灌或膜下滴灌为主。但是，大棚生产的各类管理(即大棚生态环境调控)只能凭经验进行，存在较大的主观任意性，因而无法达到"精、准"灌溉和节水、高效、优质的目的，不仅造成灌水不足或水量浪费，而且影响作物的产量和质量[44, 48-50]。迄今为止，国内外目前对这种影响的效应尚不清楚，这种研究工作做得还很有限[58-61]，这与我国节水农业特别是大棚生产的发展对科学技术的要求极不相称，迫切需要就这一问题开展深入、系统的理论和应用研究。

1.3　国内外相关领域技术现状和发展趋势

1.3.1　大棚作物需水规律及需水量研究

国内外关于大棚主要作物的需水规律及需水量计算方法的研究有很多，并取得了初步成果。有研究表明，大棚番茄、茄子等蔬菜作物的需水规律主要与气温和太阳辐射有关，且成正比。作物的蒸腾主要受大棚内太阳净辐射和空气饱和水汽压差(vopor pressure deficit，VPD)的影响，而受 CO_2 浓度、加热管的温度和营养液传导率的影响较小。这些成果主要是基于试验观测结果的分析，对大棚作物需水量的确定有一定的参考作用。大棚作物的水分散失主要通过叶片蒸腾和地表蒸发(薄膜覆盖除外)，对于番茄等蔬菜类作物，这种反应尤为敏感，仅有定性的研究分析是远远不够的，所以建立能够精确计算棚室蔬菜需水量的模型成为作物水分研究的热点问题之一。

1. 大棚作物需水规律研究现状

(1)蔬菜类型对需水特性的影响。各类蔬菜的生态习性和适应特征的不同造成其自身形态构造和生长季节均不相同。生长期叶面积大、生长速度快且根系发达的蔬菜需水量较大；反之，需水量较少、作物体内蛋白质或油脂含量多的蔬菜比体内淀粉含量多的蔬菜需水量多。另外，不同品种的蔬菜之间需水量也存在差异，例如，耐旱和早熟的品种需水量相对少一些。对蔬菜需水临界期的研究表明，临界期蔬菜原生质的黏度降低后，新陈代谢会增强并引起生长速度加快和需水量的增加，这时若能充分供水，不仅可以提高水分的利用效率，还能促进蔬菜的生长发育。一般情况下，在幼苗期和接近成熟期的蔬菜需水量较少，而生育中期的蔬菜生长旺盛，需水量最多，对缺水最敏感，水量对产量影响最大。大多蔬菜的需水临界期在营养生长和生殖生长阶段，如番茄花的形成和果实膨大阶段等，都要确保水分的供应充足。据报道，在新西兰的 Papadopoulos 温室内番茄需水量的年变化范围为 $0.5\sim0.9\text{m}^3/\text{m}^2$。Cuartero 和 Soria 认为在土壤水分盐度不同的情况下，温室番茄需水量日变化范围为 $0.19\sim1.03\text{L/d}$。王新元等[72]指出，从番茄定植到大棚开始到作物枯萎，每盆番茄的总耗水量为 $11.0\sim19.6\text{kg}$，日平均耗水量为 $4.3\sim8.3\text{mm}$，水分利用率为 $0.038\sim0.066\text{kg/m}^3$。

(2)自然气候条件对需水规律的影响。由于地区水文地质、土壤、气候等条件的不同，蔬菜的需水状况也存在差异。气温高、日照强、空气干燥、风速大，都会引起叶面蒸腾和棵间蒸发的增大，从而使作物需水量增大；反之则作物需水量减少。彭致功等[59]使用径流计测定日光温室类茄子植株的蒸腾速率，对茄子的茎流变化规律进行了研究。研究发现茎流的变化总是紧随太阳辐射的变化而发生规律性变化，高水分处理的茎流要比低水分处理的大，不会受天气条件的影响。同时他们运用回归分析法建立了环境气象因子与蒸腾之间的数量关系，此数量关系不但可以用来揭示植物水分生理变化受环境气象因子的影响，而且还可以利用气象参数进行日光温室茄子需水量的预测。孙宁宁[73]的研究表明：温室黄瓜蒸腾速率与辐射强度和 VPD 呈现线性正相关的关系，但蒸腾速率日最大值的出现时间比净辐射晚，与 VPD 较为一致。Yang 等[36,74]通过现场试验和理论分析，对自然气候条件下大棚黄瓜、番茄等常规蔬菜采用滴灌的需水规律进行了研究，通过三个轮次的跨年度现场试验和连续试验观测，对大棚内外主要环境因子的关系、大棚作物耗水量过程和需水规律进行了研究。

(3)其他因素。除气象因素，作物在各生育阶段的需水特性不同，一般是幼苗期和成熟期需水较少，生育中期需水最多。徐淑贞等[30]对日光温室滴灌番茄的需水规律进行了试验研究，试验研究表明：在水分适宜的条件下，日光温室早春番茄的需水变化规律为前期少、中期大、后期少。需水高峰出现在结果盛期，需水强度随气温变化的升高而增大，且与生育阶段密切相关。同时，作物耗水量还受到水面蒸发、土壤质地、团粒结构和地下水埋深等的影响。当土壤湿度保持在一定范围内时，蔬菜需水量会随着土壤含水量的增加而增加。

另外，通过合理深耕、密植和增施肥料的方法可以增加作物需水能力，但比例关系不是很明确；相反，采用日光温室、塑料大棚、中耕除草及中小弓棚等种植方式，能有效降低蔬菜的需水量。

2. 大棚作物需水量计算模型研究现状

国内外关于露地作物需水量方面的研究方法很多，这些方法大致可以分为经验公式

法、水汽扩散法、能量平衡法、参考作物法。目前，国际上较通用的作物需水量计算方
法是通过计算参考作物蒸发蒸腾量 ET。结合作物系数来确定作物实际需水量。而计算露
地参考作物需水量的方法也相对比较成熟，其中最为经典的计算方法是基于能量平衡原
理和空气动力学原理的 Penman-Monteith 公式。对于大棚蔬菜而言，虽然作物需水量的
计算方法不能直接照搬露地作物现成的公式，但是露地情况下的计算原理可以拿来借鉴。

（1）目前，国内外利用经验模型、能量平衡方程、紊流扩散模型和 Penman-Monteith
公式(或称 P-M 方程)计算温室大棚作物蒸发蒸腾量较为普遍。其中，计算大棚温室作物
蒸发蒸腾量最常见且较为合理的方法是以 P-M 方程为理论基础的计算模型，它以能量平
衡和水汽扩散理论为基础，既考虑了作物的生理特征，又考虑了空气动力学参数的变化，
有较充分的理论依据和较高的计算精度。Montero 等[75]的研究表明，在温室内 VPD 和
气温都处于较高水平的情况下，温室天竺葵的蒸发蒸腾量可以通过 P-M 方程进行精确预
报。汪小旵等[68]采用传统的 P-M 方程来模拟在夏季高温高湿条件下南方现代化温室黄瓜
的蒸腾速率，并通过观测冠层微气候和蒸腾速率，对影响蒸腾的主要温室环境因素进行
了分析。结果表明采用 P-M 方程模拟黄瓜夏季蒸腾速率的方法较为可靠且该模型具有一
定的鲁棒性。Seginer[76]把能量平衡与 P-M 方程相结合，并修正了一些参数，改进后的
模型能够自动适应辐射、温度和湿度的变化，但是该模型具有一定的局限性，因为它是
否可行取决于 P-M 方程中两个参数的可靠性。Wang 等[77]和 Boulard 等[78]提出了温室作
物蒸腾量的线性模型，该模型基于温室作物的热量平衡原理提出。通过验证表明，该模
型只适用于夏季通风且室内外温差较小的条件下无水分胁迫的成熟作物。罗卫红等[69]通
过对冬季温室小气候和蒸腾速率与气孔阻力试验的观测，对冬季南方温室内黄瓜蒸腾速
率的变化特征以及它与温室小气候要素之间的定量关系进行了分析。

（2）Johes 等[79]认为 P-M 方程中空气动力学和辐射相互关联，由于与露天环境不同，
温室内风速很小，几乎为零，所以应消减空气动力学部分。其他研究表明，这种温室
"消退"的模型在通风量很小的情况下较为合理，但在通风量较大的情况下，上述假设就
存在问题，因此适用性不是很好。此外，雷水玲等[80]对温室作物叶-气系统水流阻力各
分项进行了分析，认为温室内层流边界层阻力相对稳定并且与环境因素的关系不是很密
切；温室内番茄、黄瓜等作物在生殖期内湍流边界层阻力远小于层流边界层阻力，在计
算空气动力学阻力时，由于室内风速很小，可忽略湍流边界层阻力的影响。

（3）还有些研究学者[74,78]认为作物蒸发蒸腾是室内空气与作物冠层之间进行水汽交
换，主要取决于室内 VPD 和作物冠层接受辐射的大小，并基于平流的概念提出了在塑料
大棚气候条件下莴苣、番茄和黄瓜的蒸腾模型。在温度较低的冬季或早春等条件下温室
大棚通风很少，在作物生长期的绝大部分时间里，作物的叶表面释放出的水汽会累积在
室内，当室内气候达到平衡状态时，作物的蒸腾速率也会随之变化直至达到一个稳定的
状态，因此根据室内气候条件建立的模型精度相对较高且合理。Harmanto 等[65]基于
P-M方程，分别采用灌水量相当于作物需水量 100%、75%、50% 和 25% 的四种肥水滴
灌水平对热带温室番茄的生产、产量及水分生产率进行试验。试验结果表明：Tory489
的番茄的最优需水量约为作物需水量 ET。的 75%，而此时番茄的实际灌水量为 4.1～
5.6mm/d；由温室气象数据计算得到的 ET。相当于由露天气象条件下数据计算得到的

ET_c的 $75\%\sim80\%$，因此建议使用从室内小气候中直接测得的气象数据对作物蒸发蒸腾量进行计算。

(4)在晚春和气温较高的夏季，大棚温室需要排湿降温，自然通风比较频繁，叶表面的 VPD 与周围空气的饱和差关系紧密，且周围空气的饱和差受室外饱和差的影响，此时大棚作物的蒸腾对流的依赖更大。Boulard 等[78]结合 P-M 方程和室内能量平衡推导出温室作物需水量模型，该模型基于室外气象数据。从春季到夏季，由于受自然通风影响，室外与室内气候紧密耦合，用该模型效果较好；但如果温室关闭，室内外的气候条件的相关性会明显降低，用室外气象数据作为边界条件代替室内气象参数估计腾发量时精度会降低。研究表明，在法国南部的 $5\sim7$ 月，温室番茄蒸发蒸腾有 43% 来自对流。所以，在建当通风条件下的蒸腾模型时，对流和辐射的影响都需要考虑。

(5)目前神经网络在农业工程中的应用很多[34]。也有不少人开始致力于将人工智能技术应用于作物生产管理和作物需水量计算模型中，为大棚作物需水量计算研究提供了一个新的思路。霍再林等[81]建立了基于反向传播（back propagation，BP）神经网络的 ET_0 预报模型，并且指出以 4 个环境因子为输入向量的模型比 3 个因子的情况具有更高的预测精度。张兵等[82]将 L-M 优化算法应用于神经网络，通过作物需水量与多维气象数据的相关分析确定网络的拓扑结构，建立人工神经网络模型用于作物需水量的计算。冯艳等[83]结合小波分析和神经网络的优势，建立了一种预测水稻需水量的小波 BP 网络模型，为需水量的相关研究提供了一个新的思路。温耀华等[61]、孙俊等[60]研究了大棚环境要素（辐射、光照、气温、相对湿度）的变化规律，并基于 BP 网络建立了大棚气象数据缺失的条件下大棚番茄需水量的预测模型。王雪营[84]分别建立了基于 Elman 网络和基于 BP 网络的大棚作物需水量预测模型，通过比较分析，验证了两个模型的可行性和应用价值。

从上述各类研究来看，大棚作物需水量计算模型的研究成果虽然很多，但是多是在特定的作物、特定的环境（多数为国外日光温室）下得出的特定结论，成果也较为分散，深度和广度有限，由于地区、气候、棚室环境等差异得到的结论往往具有一定的经验性和局限性，而这也是本书需要深入研究的问题。

1.3.2　膜下滴灌的节水效应研究

膜下滴灌可以很好地调节土壤的盐、水、热状况。李毅等[48]把膜下滴灌技术用于干旱-半干旱地区，对传统盐碱地开发与改良的缺陷和不足进行了分析，提出了用于干旱-半干旱地区的盐碱地开发与改良的膜下滴灌技术，并通过实践证明了该技术良好的洗盐、节水和生产效益。Tindal 等[25]研究了滴灌条件下番茄覆膜对土壤的保墒作用，认为覆膜不但减少了灌水量，而且在改善产品质量的同时提高了产量。Battikhi 等[85]对西瓜的产量、土壤特性的影响及其膜下滴灌节水效应进行了试验，试验研究认为覆膜具有很好的保墒、保温、节水、改善环境等作用，产量也比不覆膜情况下有显著提高。此结论已经在我国学者对大田作物的相关研究中得到证实。张朝勇等[86]针对膜下滴灌条件下棉花土壤温度的动态变化规律展开了研究，其有关覆膜作用的结论与上述研究结果一致，即膜下滴灌与传统的沟畦灌溉相比，可以增加土壤贮水，减少地面蒸发，调节土壤温度，降低耗水，减少灌溉水的深层渗漏，提高水分利用率，保持土壤肥力，增加作物产量。膜下滴灌在节约用水的同时也创造了适宜作物生长发育的生态环境。

但是关于塑料大棚及其地膜覆盖、膜下滴灌节水效应的研究，到目前为止还没有见到系统化的理论研究或实用成果。

1.3.3　温室大棚内的微气候环境研究

作物的生长发育受到日光温室内的温、湿、光、气、土五个环境因素的综合影响，当其中某一个因子发生变化时，其他因子也会随之发生变化。例如，当光照充足时，室内温度会升高，植物蒸腾加快，从而引起空气湿度加大，如果此时开窗通风，各环境因子又会出现一系列的变化，因此，室内气候是一个多输入、多输出、非线性、强耦合、强时变、大时延交互影响的动态环境，对复杂的大棚微气候动态系统建模并进行数值模拟，对提高室内作物的需水量模型的精度很有帮助，如果能精确控制大棚内环境，便可为作物的生长创造最适宜的生态环境。

相关研究工作大多以经验总结成果为主，系统的理论研究很少。采用一定的增加光照、调温设施和通风去湿等措施，模拟温室微气候的变化，可以取得一些变化规律，该方法可供大棚环境的调控参考。李元哲等[5]对日光温室的微气候进行了模拟与试验，研究结果表明，对日光温室微气候进行适当的调控，可以提高作物的产量和品质。Yang等[74]研究了黄瓜在温室微气候条件下的蒸腾规律，认为黄瓜蒸腾受温室微气候的变化的影响很明显，其中温度和光照取决定性作用。文献[87]～文献[89]分别对日光温室内的光照分布、变化规律以及作物种植制度的影响展开了研究，研究成果对本课题光照调控的研究具有一定的参考价值。李良晨[8]研究了塑料大棚内外的温度关系，研究结果表明，大棚内外的温度具有良好的相关性。

1.3.4　膜下滴灌土壤水分运动及水肥调控研究

冯绍元等[40]对大棚滴灌线源土壤水分的运动规律进行了数值模拟，取得了丰富的理论和实用成果，对制定合理有效的灌溉制度和充分利用温室水、肥、气、热等资源具有很好的指导意义。王舒等[90,91]研究了日光温室滴灌条件下滴头间距和滴头流量对黄瓜生长产生的影响机理。研究结果表明，滴头间距和流量对土壤含水量的影响很明显，而黄瓜的生长状况取决于土壤含水量，因此应该根据土壤水分状况来选择合理的滴头间距与滴头流量。康跃虎等[92]的研究表明，土壤含水量的高低对马铃薯生长的影响显著，滴灌可有效地调控土壤的含水量。刘祖贵等[93]的研究指出，合理的水肥调配施用能够明显地提高温室滴灌番茄的水分利用效率和产量。柴付军等[94]的研究表明，膜下滴灌土壤水盐的分布和棉花生长受灌水频率的影响较大。邹志荣等[4]指出日光温室热量变化与温度变化关系密切。Dodds等[63]的研究表明，果实质量和产量与灌水定额和土壤含水量有很密切的关联，同时可通过合理控制地下水位来提高番茄的品质与产量。

这些研究成果表明，合理控制土壤含水量、施肥、光照、环境温度等，有助于改善果实的品质和提高作物产量。但对如何实现合理控制以及如何与膜下滴灌的节水效应相联系，还需要进一步研究。

1.3.5 基于 SPAC 系统水热耦合的环境效应研究

张鑫等[95]在对试验数据进行分析的基础上，探讨了膜下滴灌对作物的生态要素土壤水、气、肥、热环境的影响，同时也创造了适宜作物生长发育的生态环境。王同科等[96]将有限元算法代入 SPAC 系统水热耦合运移方程中，把水热方程离散为一个块三对角代数方程组，可同时求出水热参数，提高了计算精度，该方法对水热耦合的研究具有很好的参考价值。王季震等[97]研究了在 SPAC 系统中氮素平衡及氮肥分布的问题，建立了氮肥在 SPAC 系统中的综合数学模型，该模型为有效提高氮肥的利用率、减少为排水条件下的氮肥流失、降低水环境污染等提供了一定的依据。罗毅等[98]建立了模拟农田 SPAC 系统中光合作用、土壤水分动态蒸发蒸腾和 CO_2 通量的模型，模型中包含多个子模型，它用尽可能简便的方法描述了 SPAC 系统中的水、热、光合作用过程与 CO_2 传输过程。作者提出叶片水平的简化处理气孔阻力-光合作用模型，对系统水、热、光合作用和 CO_2 通量进行了模拟，并将该模型扩展到冠层尺度用来确定冠层阻力、光合作用速率以及叶片气孔下腔的 CO_2 浓度；以冠层阻力、光合作用、蒸腾等，建立耦合模型以求解它们之间的相互作用，通过迭代法求解系列非线性代数方程，其中考虑了气孔调节和光合作用受环境因子影响的重要过程。

综上所述，国内外在保护地、温室、大棚、农田覆盖等条件下，基于不同目的对 SPAC 系统、水-热耦合、环境效应、大棚作物需水规律等进行了大量研究，取得了诸多成果，对本书具有启发和参考意义。而针对我国南方地区大棚蔬菜作物膜下滴灌需水规律、需水量精确计量方法以及对"大棚生态环境 SPEC 系统"调控效应的系统理论和试验研究，目前尚未见到类似的成果。因此，本书将通过开展长期的大棚田间试验，对我国南方地区大棚主要蔬菜作物(番茄)进行系统研究，这既是理论的需要，也是生产的要求。预期成果将不仅为大棚作物的生产管理提供较为可靠的科学依据，而且对推动我国设施农业和高效节水农业的发展及本领域的科学研究，都具有十分重要的意义。

1.4 本书的研究目标、内容及方法

本书是作者在参加国家自然科学基金项目"大棚作物需水规律与节水灌溉制度研究" (50479040)和"大棚膜下滴灌及其生态环境的 SPEC 调控效应研究"(50979077)的基础上完成的。项目依托武汉大学水资源与水电工程科学国家重点实验室灌溉排水综合试验场和湖北省水利厅节水灌溉试验示范基地，系统开展了对大棚主要蔬菜作物(番茄)的节水灌溉制度、环境调控和生产管理措施的理论和数学模型研究，以较大规模和多年的现场试验研究和实测成果进行理论和模型的检验，旨在取得切合实际的应用成果，为大棚生产管理提供科学依据。研究成果不仅对于实现大棚作物"精、准"灌溉和提高产量、改善产品品质具有十分重要的实用价值和科学意义，而且对发展高效节水农业具有广阔的应用前景。

1.4.1 研究目标

(1)初步获得一套完整可行的大棚膜下滴灌及 SPEC 系统现场观测及研究方法。本书

研究全面考虑大棚番茄膜下滴灌条件下室内外气象环境要素、土壤水分、大棚生态环境调控、作物生长特性等诸多主要因素的田间现场观测和试验研究的方法，采用高精度仪器进行连续长期的试验观测，以获取大量的基础数据和实测资料。

（2）本书通过分析大棚膜下滴灌方式的水分入渗特点，探索大棚番茄根系层土壤水分含量、大棚番茄膜下滴灌作物需水量的精确测定和计量方法；根据大棚番茄需水规律，研究采用时间序列、神经网络等理论建立以公共气象服务信息进行大棚番茄需水量预测的数学模型。

（3）本书研究不同人工调控措施如灌溉制度、地膜覆盖处理等对大棚膜下滴灌生态环境、番茄生长发育水平以及节水效应的影响机理，预测大棚主要环境要素的变化规律对番茄生理发育状况的影响。初步提出适合我国南方地区塑料大棚栽培条件下，根据室内外自然气象要素变化进行相应大棚生态环境的调控措施和管理模式，从而建立比较系统的大棚生产管理理论，以促进大棚生产的发展。

（4）本书研究以能量平衡原理为基础，采用时间序列、模糊等理论进行大棚番茄膜下滴灌主要环境要素的预测和控制理论，建立以自然气象要素为基础进行塑料大棚生态环境要素调控的数学模型，模拟采取不同调控措施条件下大棚内的水热传输的变化规律，为大棚番茄生长环境要素调控提供理论方法和依据。

1.4.2　主要研究内容

在认真总结和归纳国内外有关文献的基础上，针对本书的研究目标和内容，通过长期田间试验，获取了大量的基础数据资料。对大棚番茄膜下滴灌作物需水量及其需水规律、大棚生态环境、大棚番茄生育期的土壤水分变化、水分生理关系、植株生长状态和室内外环境参数变量进行连续观测，同时进行了相关的理论和数学模型研究，取得了初步成果。

本书的主要研究内容如下。

（1）大棚番茄叶面蒸腾速率的测定以及基于偏最小二乘回归模型的蒸腾速率预测模型研究。对采用膜下滴灌的越冬大棚番茄不同位置的叶片蒸腾速率的变化规律进行分析，得出它与主要环境因子之间存在复杂的相关性。针对环境因子之间存在多重相关性，引入偏最小二乘回归方法，利用大棚内环境因子建立了预测大棚番茄顶层蒸腾速率的偏最小二乘回归模型，最后验证模型的预测效果。

（2）大棚番茄膜下滴灌需水量计算模型研究。针对大棚膜下滴灌灌水方式，研究采用时域反射仪（time-domain reflectomer，TDR）实测大棚膜下滴灌土壤含水量、采用常规气象仪器测量大棚内外主要气象和环境要素的方法；引入基于边界层阻力测量技术的大棚室内 P-M 方程法，对该模型原理进行详细介绍；研究通过将遗传算法与神经网络结合，优化网络结构，实现对 BP 神经网络存在的缺陷的改进。根据试验实测数据，建立以自然气象要素为输入向量、以实测番茄需水量为输出向量的遗传-反馈（genetic algorithm-back propagation，GA-BP）神经网络需水量预测模型。最后将该 GA-BP 模型、P-M 方程法与 TDR 法实测的作物需水量进行比较分析。

（3）利用大棚作物生长检测系统，实时观测番茄生理状况，分析大棚生态环境要素对番茄生长发育水平的影响机理，以番茄生理状况为基础，确定最适宜大棚番茄生长的生态环境管理指标；分析膜下滴灌条件下不同灌水制度对大棚生态环境以及番茄生长发育情况的影响，确定适合大棚生产的最优灌水方案；通过大棚地膜覆盖的试验，研究不同地膜覆盖面积条件下大棚番茄的节水效应，提出最优的地膜覆盖方法实现高效节水。

（4）将大棚作为一个整体，通过分析大棚在日间的能量收入和支出，建立模拟大棚室内气温环境动态变化过程的数学模型。详细分析采用 MATLAB 中的 Simulink 仿真工具箱对复杂的非线性模型进行仿真的设计过程，利用实测数据资料对仿真模型进行预测检验。

（5）基于 ANFIS 完成了以大棚室内温度差值和变化速率为输入，以大棚通风口开启度为输出的模糊控制器设计，其中包括对控制变量的选取、模糊集的定义、论域的量化、隶属函数的选择及控制器的训练。然后，将该控制器与大棚室温动态变化仿真模型相结合，建立基于开窗通风来控制大棚室内气温的调控系统，并对控制模型进行仿真。

1.4.3　研究方法

在理论研究方面，将以实测资料为基础，探索采用时间序列、偏最小二乘法、神经网络、水热交换运移和模糊控制等理论，描述在大棚膜下滴灌条件下自然气象要素与番茄需水规律的变化关系以及基于外界自然气象要素进行塑料大棚各生态环境要素调控的交互影响规律，并且揭示这些变化的不利和有利影响，以便制定科学合理的大棚生态环境调控措施，形成科学的大棚番茄膜下滴灌节水和调控理论。

在模拟数学模型的研究方面，根据理论研究的成果和便于生产管理操作的要求，建立基于自然气象要素的大棚番茄蒸腾速率预测模型、需水量计算模型、主要生态环境要素动态变化模型以及依据自然气象要素进行对大棚生态环境的调控模型。寻求根据时间序列、偏最小二乘法、神经网络预测理论、水热交换运移理论以及模糊控制等理论来描述大棚膜下滴灌条件下，拟合、预测大棚番茄需水规律以及大棚室内生态环境变化规律的有效途径，从而为指导塑料大棚番茄膜下滴灌节水丰产、进行环境调控和生产管理提供科学依据。

第2章　大棚番茄田间试验研究

本书针对我国南方地区塑料大棚的特点，初步开展大棚室内田间试验的研究，旨在探索一套系统的大棚作物需水规律、节水灌溉模式及灌溉制度、大棚生产环境调控及其管理措施等的数据测量方法。

试验研究依托武汉大学水资源与水电工程科学国家重点实验室灌溉排水综合试验场和湖北省水利厅节水灌溉试验示范基地及其较完善的装备，以及近年来在与本项目领域内的有关试验研究与测试技术的积累，并以较大规模和较长历时的现场试验研究实测成果为基础，进行理论和模型的检验。将试验研究的重点放在湖北省水利厅节水灌溉试验示范基地，生产与试验研究的总体原则是以常规种植、规模试验为主，适当安排机理性试验研究。两地机理试验研究的结果可相互佐证。针对藤蔓作物和大棚高秆作物不适合采用测筒试验的实际情况，采用普通大棚规模种植为主，并根据需要在现场田间大棚内建设一定数量的简易测坑为辅的种植模式。

本章将对大棚番茄室内田间试验的观测方法以及仪器布置进行详细介绍。大棚作物灌水方法采用目前应用最多的膜下滴灌。本章在总结国内外有关大棚作物丰产的膜下滴灌节水、大棚环境调控经验的基础上，设计不同的膜下滴灌节水灌溉（包括土壤适度的水分胁迫）制度与大棚生态环境调控措施，并结合试验处理开展长期田间试验，实时采集室内外自然气象要素，定时观测土壤温度及土壤含水量等。通过系统的试验与观测积累充足的试验数据，为理论分析和数学模型研究提供支撑。

2.1　试区基本情况

该试验在湖北省鄂州市节水示范基地进行，该地位于湖北省鄂州市蒲团乡。该示范基地始建于 2002 年 7 月，2004 年 7 月全部完成。现有标准大棚 36 个（图 2-1）。

试区地理位置是东经 114.52°，北纬 30.23°。该地区为季风气候区，冬季盛行偏北风，夏季盛行偏南风，属亚热带气候，无霜期约 236 天，年平均气温 16.3℃；年平均降水量 831.8mm，年内分布不均，夏季、秋季降水少；地下水埋深 1.5m 左右。试验基地土壤物理化学性质如表 2-1 所示。

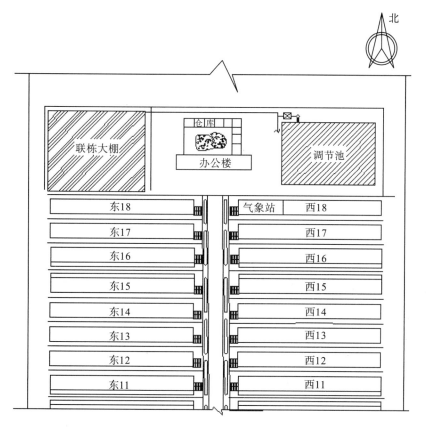

图 2-1　试验场平面布置图

表 2-1　节水灌溉试验示范基地土壤物理化学性质

容重/(g/cm³)	孔隙率/%	有机质/%	全氮/%	速效氮/ppm	全磷/%	速效磷/ppm
1.44	55	0.95	0.058	50.08	20.66	127.4

通过对试验地区进行逐日的气象观测，得到了该地区的室外气温变化具有以下的特点：图 2-2 表明，在整个生育期内，以 1 月中旬气温最低，为 3.15℃，5 月上旬最高，为

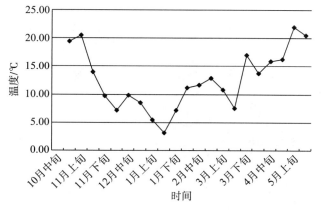

图 2-2　试验区 2005～2009 年度全生育期内室外气温变化动态

21.92℃，年较差为18.77℃。11月~次年1月气温下降较快，其中有两次连续气温直线的下降，分别是由11月中旬至12月中旬下降13.43℃，12月中旬至次年1月中旬下降6.68℃。这段时间为保证大棚番茄的生育和产量，必须提早采取大棚保温措施，以免作物受冻。1月中旬以后，室外气温开始明显地上升。其他自然气象的情况见表2-2。

表2-2　试区具体室外气象参数

外气象参数	月份							
	10月	11月	12月	1月	2月	3月	4月	5月
最高温度/℃	24.00	21.30	14.67	12.00	18.00	19.13	22.80	29.60
平均湿度温度/%	71.69	70.40	64.09	69.19	65.90	76.28	71.88	70.06
平均辐射/(W/m²)	211.30	172.09	225.85	194.14	226.34	189.23	187.92	203.97
平均风速/(m/s)	0.51	0.70	21.30	1.27	1.35	0.85	0.83	0.75

2.1.1　试验大棚的结构特性

试验大棚剖面呈扇形(图2-3)。大棚长73m、宽8m、墙面高2.5m(棚顶最高处达3.2m)。大棚坐北朝南，有利于充分利用阳光。每个大棚均备有防寒被，用于保温。塑料大棚采用钢结构支撑，棚顶部和侧边可人工开启进行自然通风。该场地使用的覆盖材料为新型EVA三层复合膜(厚度为0.3mm)。EVA是乙烯-醋酸乙烯共聚物的简称，一般醋酸乙烯含量为5%~40%。EVA薄膜的主要用途是生产功能性棚膜。功能性棚膜具有较高的耐候性、防雾滴和保温等性能，由于聚乙烯不具有极性，即使添加一定量的防雾滴剂，其防雾滴性能也只能维持2个月左右；而添加一定量EVA树脂制成的棚膜，不仅具有较高的透光率，而且防雾滴性能也有较大提高，一般可超过4个月。EVA膜是农业大棚及日光温室的一种新型覆盖材料，该产品除了具有流滴效果好、光线透过率高等优点，还可有效延缓薄膜在日光作用下的老化，延长使用寿命，适用于各种茄、果类蔬菜及其他各种作物、花卉的育苗和覆盖栽培。

图2-3　大棚剖面图

2.1.2 大棚滴灌系统简介

滴灌带工作压力水头在 10m 以内,软管滴灌带直径为 10mm,滴水孔径为 0.8mm。主管为直径 45mm 的黑色硬塑料管,水源为与池塘相通的井水,采用水泵提水。

大棚内有着若干沿南北方向的栽培畦,每个畦(高 15～20cm、宽 100～120cm)上种植两行作物,栽培畦靠近通道处,东西向布置一根约 72m 长的主管,一端进水,一端堵死。布置时对应每行作物在主管上安装接头,用旁通阀将滴灌带(另端扎死,带长 6.5m)与主管连接,并使滴头间距与作物株距相同,以保证一个滴头可控制一株作物。定植后覆盖黑色地膜,构成大棚蔬菜滴灌系统(图 2-4)。

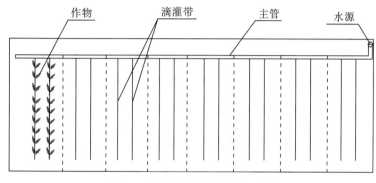

图 2-4 大棚作物滴灌系统示意图

2.1.3 试验作物品种

本次试验的研究对象为大棚樱桃番茄,其种植和生长阶段为:每年的 8 月育苗,9 月底或 10 月初移栽定植于大棚至翌年的 5～6 月结束,棚内生长历时约 9 个月,而暑期的 7～8 月棚内不种作物,处于休闲状态。田间观测是需要跨年度连续进行的工作。

大棚田间试验作物品种和种植时间见表 2-3。

表 2-3 试验作物品种及种植时间

作物	品种	播种育苗日期	定植日期	覆盖地膜日期	覆盖棚膜日期
樱桃番茄	红秀珠	8 月 13 日	9 月 16 日	10 月 27 日	10 月 26 日

2.2 试验内容和观测方法

在大棚中采用膜下滴灌灌水,对大棚番茄按照对比法设置适宜的试验水平和相应的试验处理,进行长期连续的试验观测。观测的内容主要是:作物生理状态与水分状况、大棚室内外的自然气象要素、土壤温度、土壤含水量和灌溉排水水量以及蔬菜产量、质量等。

按照试验研究方法的原则和要求,经过实地勘勘和调查,在基地 36 个标准大棚中选择其中的 2 个用于田间试验(东 9 号和西 3 号),每棚施有机肥 5000kg。每个大棚作为一个独立小区进行试验处理,每种处理设置 4 次重复流程。在大棚进口处滴灌主管上安装水表和闸阀,独立进行灌溉水量的控制,以每次的灌水量使作物根系层(20cm 深土层)含水量恢复到田间持水量为灌溉上限,根据水表的读数,当水量达到定额时停止灌水。灌水期间,用 TDR 连续观测 0~20cm 深土层土壤含水率的变化情况。

考虑到该地区地下水位在一年内波动性较大,因此在试验大棚里设置暗管排水来控制地下水位。根据对比试验的方法,在每个大棚内选其中一个重复设简易测坑。试验的具体布置情况如下。

2.2.1 暗管排水的布置

东 9 号大棚暗管的埋设方案为:每个大棚沿长度方向各埋设 2 根暗管,间距为 4m,根据具体情况埋深设为 $H=1.2$m,大棚外暗管出水口开挖集水坑,并使用水泵抽水进排水沟以实现排水的目的。将浮球阀门固定在距离集水坑顶 2m 深处,并与水泵开关连接,当水位高出设定值时自动控制水泵进行抽水,以此来控制地下水位。暗管平面布置及管道开挖图如图 2-5 所示。

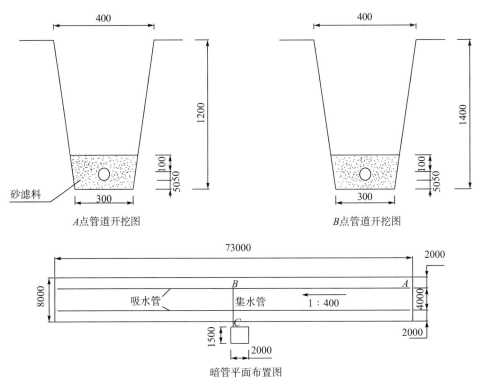

图 2-5 暗管平面布置及管道开挖图

注:图中标准单位为 mm;暗管管沟 A 点处开挖深度为 1.2m,B 点处开挖深度为 1.4m;集水坑深度为 3m;
排水暗管 AB 段直径为 75mm,BC 段为 75mm

2.2.2 简易测坑的布置

每个处理的第四次重复处设一个简易测坑做对比。由于番茄在大棚内的行距为

0.90m，株距为 0.45m，考虑挖坑工作量以及坑内作物数量的限制，设置的测坑平面尺寸为 1.50m×1.50m，所以每个坑内共包含番茄 8 株，测坑的开挖深度取为 1m。开挖完成后，坑内铺设整块塑料薄膜以防水，测坑布置如图 2-6 所示。

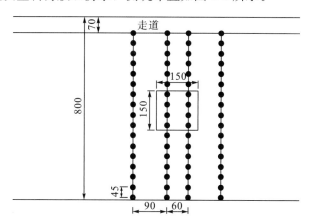

图 2-6　番茄试区测坑开挖位置示意图

注：●表示作物，标注单位为 cm

2.2.3　观测内容及仪器的布置

1）试验观测内容

根据试验要求，在田间需要进行长期试验观测，观测的主要内容包括大棚番茄的生理与发育状况、土壤温度、土壤含水量、灌溉排水量等，同步实时观测大棚内小气候和棚外自然气候要素。具体观测内容如下。

（1）大棚外气象因子：使用自动气象仪对室外的常规气象（温度、相对湿度、气压、风速、风向、雨量、太阳辐射、露点）进行实时的自动采集，采样时间间隔设定为 30min。

（2）大棚内、外水面蒸发量：E601 蒸发皿及 D15.6(g) 蒸发皿，每天一次，观测时间为 9：00，观测时使用高低水平尺进行测量。高低尺的放置应固定或每次放置在同一位置读数，以减小误差。

（3）大棚内、外土壤温度（0cm、5cm、10cm、20cm）：采用人工观测，每日固定观测时间为 8：00、12：00、15：00。

（4）大棚作物生长发育状况：其中作物茎直径、叶片温度、茎流、果实直径等使用作物生长监测仪对应传感器进行自动采集，采样时间间隔为 30min；叶面积大小、叶片数量由人工进行观测，选择具有代表性的作物，在每个月的 1 号、11 号、21 号三天固定进行测量。

（5）大棚内环境因子：使用作物生长监测仪对应传感器进行自动采集，同时辅以人工观测进行对照。人工观测时，使用最高最低温度计和悬挂式干湿表对室内温湿度变化情况进行同步观测，每日固定观测时间为 8：00、12：00、15：00。

（6）大棚内土壤含水率：用 TDR 探头测量，每隔 1~3 天观测一次，灌水前后加测。

(7)专门性测试工作：昼夜变化观测，选择特定生育期及特定天气，进行生育期及特定天气(阴、雨、晴)的土壤温度、大棚内外气候要素、土壤含水量、作物需水量的昼夜连续变化观测。

(8)番茄生育期调查、农事活动记载：据实记载作物的品种、种植密度、定植日期、点花、剪叶、整枝、降蔓、打药、追肥等活动，以及大棚每天开窗通风和揭、放防寒被的时间。

(9)蔬菜产量和品质：在生长季节，采摘果实较频繁，故每次采摘时记录时间并称重，并用糖量计来测量果实品质。

2)仪器的布置

根据试验要求，大棚内安装有灌水控制和计量设备(水表和闸阀)、土壤水分测量的TDR探头、小气候观测的温湿度计、地温计、作物生长监测仪，以及 E601、D15.6 蒸发皿。在大棚室外安装了自动气象观测仪和对应的蒸发皿。其中，仪器安装要点包括：①安装蒸发皿时应注意，E601 的布置根据规范应使其上边缘水平且与地面平齐，放置的位置尽量不要影响劳作，否则常受干扰；②根据规范，所选地温计、最高最低气温计和干湿计等仪器精度需达到 0.1，且所有仪表使用前要统一标定，以保证所有温度系统的同步。这些仪器在每个处理内放置两组，分别布置在每个处理的第二个重复和第四个重复处；③将唯一的一个植物生长监测仪布置于东 9 号大棚的适当位置。

图 2-7 是东 9 号试验棚仪器平面布置图。TDR1.1 代表的是该试验大棚内处理 1 的第一个重复，其他意义相同。

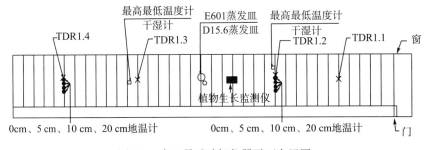

图 2-7　东 9 号试验棚仪器平面布置图

2.3　试验仪器简介

2.3.1　时域反射仪

试验中所使用的时域反射仪(TDR)探头可以做到任意放置，它既可以深埋于土壤内层也可以直插在地表，但无论是哪种布置方式，都可以测量出探头长度所代表的土壤平均含水量。其中，最常见的就是水平和垂直两个方向的布置，如图 2-8 所示。

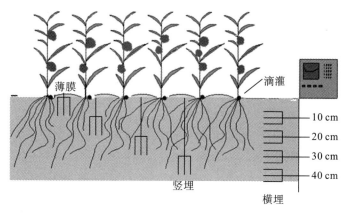

图 2-8　TDR 埋设方式图

根据本次试验的具体情况，应按照试验待测作物根系层的深度来布置探头。考虑到试验大棚番茄的主要根系层比较浅（最大深度均在 30cm 以内），采用垂直下插的布置方式即可满足试验的要求，因此，试验最终决定采取环绕垂直下插的方式来进行 TDR 探头的布置，重点测量 0~20cm 内的土壤含水量变化情况。如图 2-9 所示，围绕每个试验点番茄由近及远地垂直插入 4 个探头，每个探头的规格为 20cm×10cm。

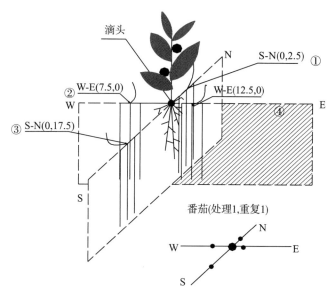

图 2-9　TDR 探头布置方式

2.3.2　植物生长监测仪

植物生长监测仪是用来对植株自身生长状况及周围生长环境进行实时监测的一类仪器。当作物生长发生异常时，监测仪可以将这一信息及时反馈给种植者，种植者应对作物的生理状况较早地做出最好的选择来改善栽培策略或防御不利的情况，措施实施后作物的生理反应又可以通过检测仪显示给种植者。

试验中使用的生长检测仪器型号为 LPS-05 型，常见的测量参数见表 2-4。

表 2-4　生长监测系统测量参数

植物生理参数	叶温、茎液流速、茎直径变化、果实茎秆生长
环境参数	光照辐射、大气温度、大气湿度、边界层阻力
植物水分胁迫指数	水气压亏缺、叶片-大气温差、茎秆直径变化、潜在蒸散指标

植物生长检测仪对环境和作物的监测功能是通过连接多种类型的传感器来实现的。所有探头测得数据均通过 LPS-05 型植物生理数据采集系统采集和存储。在实际使用中，各传感器的布置情况见图 2-10。

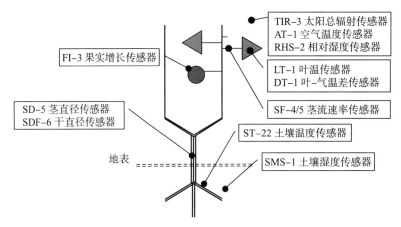

图 2-10　各传感器的布置情况

如图 2-10 所示，大棚室内空气的温度、湿度以及进入大棚的太阳总辐射传感器一般都悬挂于大棚的空气层，即距离作物冠层上方 0.5～1.0m 的位置；叶温是通过一个接触面积为 1mm² 的半导体传感器来进行测量的，安装时应注意将叶温传感器夹在作物叶片的反面以减少太阳光直射对测量结果的影响；边界层阻力传感器一般要平行于作物叶表面放置，可根据具体情况悬挂在作物高度 2/3 的地方；本次使用的茎液流速传感器是外置的，可直接用探针插入需要测量的茎秆或叶柄处，实现对主要枝干茎液流变化过程的测量；茎直径传感器是外夹的，它是通过线性位移传感理论对作物主要茎秆直径的微改变量进行测量的，试验中可直接夹在被观测茎秆的基部。

第3章 大棚番茄蒸腾速率变化规律
及偏最小二乘回归模型

蒸腾速率(transpiration rate)又称为蒸腾强度或蒸腾率，指的是植物在单位时间、单位叶面积通过蒸腾作用散失的水量，常用单位为 $g/(m^2 \cdot h)$。蒸腾速率作为蒸腾作用的生理指标之一，是计量蒸腾作用强弱的一项重要指标，所以它的测量在研究作物需水规律时也很重要。蒸腾速率的测量方法很多，其中以快速称重法[99]最为常见，快速称重法测定蒸腾速率具有快速、定量比较准确等特点，但也由于该方法操作烦琐而存在一定的人为误差。

作物蒸腾速率的快慢受植物形态结构和多种外界因素的综合影响，影响蒸腾速率的外部因素主要是叶内外蒸气压差和扩散阻力的大小，它们是随着外界光照、温度、湿度和风速等参数的改变而发生变化的。这些气象参数的获取相对比较容易，研究它们与蒸腾速率之间的相关关系，可以为建立蒸腾速率的回归模型提供参考。然而，普通多元回归方法在日常应用中经常会遇到很多问题[100,101]。例如，样本数量过低，则回归模型达不到精度要求；如果相关变量过多且各变量之间存在多重相关性，也会对回归模型的参数估计产生很大的影响，所以在进行回归建模之前需要对变量进行选择，一旦选择不当便会造成有用信息的丢失和模型精度的下降，最终导致回归模型失效。

偏最小二乘回归[102-112]作为一类新型的多元回归方法，它实现了多元线性回归、主成分选择以及变量间相关分析的良好结合，比最小二乘法更适合处理样本小、变量多且变量间存在多重严重相关性的问题，所以 PLS 在各类统计分析问题中得到了越来越多的应用[113-118]。本章通过田间试验，对大棚番茄叶片蒸腾速率的变化规律进行深入研究，针对影响作物蒸腾速率的诸多环境因子之间存在多重相关性的问题，基于偏最小二乘回归的分析方法建立大棚番茄蒸腾速率回归模型，该项工作对大棚作物蒸腾速率的预测研究具有一定的参考价值。

3.1 试验资料和方法

3.1.1 环境因子与蒸腾速率测量

研究蒸腾速率变化规律所用到的环境参数包括塑料大棚室内空气平均温度、相对湿度、大气压、太阳辐射、土壤表层温度(5cm)以及水面蒸发量。

对于大棚内作物蒸腾速率的测量，本章试验中使用快速称重法[99]。下面简单介绍快速称重法测量作物蒸腾速率的试验原理和方法。

3.1.2 快速称重法

1. 原理

植物蒸腾失水，重量减轻。故可用称重法测得植物材料在一定时间内所失水量而算出蒸腾速率。植物叶片在离体后的短时间内(数分钟)，蒸腾失水不多时，失水速率可保持不变，但随着失水量的增加，气孔开始关闭，蒸腾速率将逐渐减少，故此试验应快速(在数分钟内)完成。

2. 仪器与用具

叶面积仪；EY-300A型托盘电子天平(感量0.01g)、镊子1把、剪刀1把、塑料夹3只、秒表计时器一个。

3. 方法步骤

(1)在待测植株上尖端中部、底部见光位置各选一枝条，重约20g(使在3～5min内，蒸腾水量近1g，而失水不超过含水量的10%)，在基部缠一线以便悬挂，然后剪下立即称重，称重后记录时间和重量并迅速放回原处(可用架子将离体枝条夹在原母枝上)，使在原来环境下进行蒸腾。3min或5min后，迅速取下重新称重，准确记录3min或5min内的蒸腾失水量。称重要快，要求两次称重的重量变化不超过1g。

(2)用叶面积仪计算所测枝条上的叶面积，按式(3-1)求出蒸腾速率：

$$T_r = \frac{\Delta m}{A \Delta t} \tag{3-1}$$

式中，T_r 为蒸腾速率，$g/(m^2 \cdot h)$；Δm 为两次叶片称重的差值，g；A 为所测叶片的叶面积，m^2；Δt 为测定时间，h。

(3)比较不同时间(晨、午、晚)，不同部位(上、中、下)和不同环境(温、湿、光照)的蒸腾速率，记录测量结果及当时气候条件加以分析。

3.2 大棚番茄蒸腾速率的变化规律

3.2.1 大棚番茄蒸腾速率的长系列变化

研究表明，在较长的观测时间内，大棚番茄蒸腾速率的变化规律与太阳辐射相关性较高，但不同位置的叶面蒸腾速率有明显的差异。从图3-1可看出，在试验期内，无论天气状况如何，处于植株最顶层的叶片蒸腾速率的实测值总是大于中部和底部叶片蒸腾速率的数值，这个规律证明大棚番茄蒸腾作用的主要部位是位于作物冠层顶部的叶片。

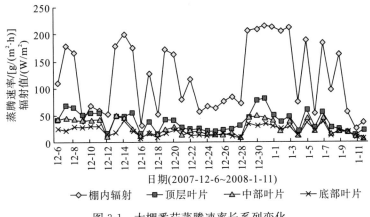

图 3-1　大棚番茄蒸腾速率长系列变化

根据水汽扩散原理，太阳辐射和空气干燥力是植株产生蒸腾作用最主要的两个原因，太阳辐射是植株蒸腾的主要能量来源，而空气干燥力（冠层 VPD）是植株蒸腾的主要动力，两者的变化共同决定蒸腾速率的快慢。例如，在晴朗的天气里（2007-12-29～2008-1-2），大棚番茄三种叶片位置所截获的太阳辐射量多少对蒸腾速率的快慢起主导作用，所以番茄植株上三种位置叶片的蒸腾速率大小关系应与辐射量的接收量保持一致，即顶层＞中部＞底部；在阴雨天，太阳辐射总量减少，室内作物各层叶片所截获的辐射量差别不大，所以辐射对于植株蒸腾速率的影响也相对降低。与此同时，冠层 VPD 的影响开始占据主导地位，受天气影响，大棚内湿度较高，番茄冠层的水汽压趋近于饱和状态，所以处于中部和底部的叶片蒸腾速率差异不大，有时甚至会出现底部叶片蒸腾速率大于中部的情况（2007-12-26）。

3.2.2　大棚番茄蒸腾速率的日变化

图 3-2 和图 3-3 分别给出了大棚番茄不同位置叶片蒸腾速率在晴天和阴雨天两个典型天气条件下的日变化规律。从图中可以看出，无论在晴天还是阴雨天，大棚番茄上三种不同位置的叶片蒸腾速率的日变化规律较为一致，且三者的蒸腾强度由上到下依次减弱。在晴天（图 3-2），外界辐射、温湿度等环境因子变化剧烈，导致大棚番茄白天蒸腾速率随

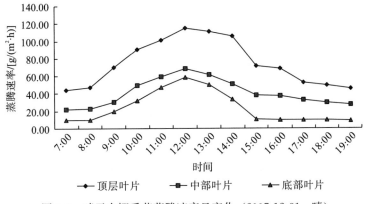

图 3-2　晴天大棚番茄蒸腾速率日变化（2007-12-31，晴）

环境因素的改变也出现显著的日变化规律：蒸腾速率日间变化曲线呈现单峰的倒"V"字形变化，日最大值出现在中午 13：00 左右；在阴雨天(图 3-3)，蒸腾速率一天内波动很小，三种位置叶片的变化曲线呈现出了近似"一"字形的变化。

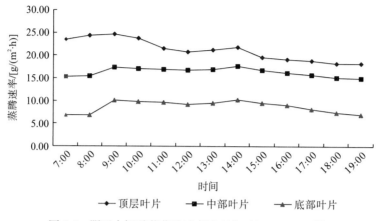

图 3-3　阴天大棚番茄蒸腾速率日变化（2008-1-12，阴）

通过上述分析表明，大棚环境要素与大棚番茄蒸腾速率之间存在很显著的相关性，蒸腾速率变化规律随环境要素的改变而改变。

3.3　基于偏最小二乘回归的大棚番茄蒸腾速率的预报模型研究

3.3.1　偏最小二乘回归法简介

偏最小二乘回归[102,103]的基本思想最早是由欧洲经济计量学家 Herman Wold 于 1965 年提出来的，经过多年的发展，特别在近二十几年，它在理论、方法、应用等方面都得到了迅速的发展，该算法已经形成了一套完整、系统的理论[104,105]。偏最小二乘回归法因其能同时将因变量矩阵和自变量矩阵用主成分表示，充分表现并利用了因变量矩阵和自变量矩阵的信息，因此，具有比多元线性回归、主成分回归等线性模型更高的预报稳定性。偏最小二乘回归法具有普通最小二乘回归方法所不能比拟的优点，被密歇根大学(Michigan University)的 Fornell 教授称为第二代回归分析方法。凭借自身的优点，近几年在国内，偏最小二乘回归法在化工、医药、经济、教育、工业优化、工程水文、农田水利以及市政工程等众多领域得到了广泛的应用[109-118]。

1. 偏最小二乘回归的基本原理与建模思路

偏最小二乘回归分析是多元线性回归分析、主成分分析和典型相关分析的有机结合，故其建模原理是建立在这三种分析方法之上的。偏最小二乘回归法集中了三者的优点，并克服了各自的缺点，是基于主成分回归思想的一种回归方法。它的算法基础是最小二乘法，但由于它只偏爱与因变量有关的变量，而并非考虑全部自变量的线性函数，所以称其为偏最小二乘回归。下面介绍这一方法的建模思路。

在普通的多元线性回归中，如果自变量 $\boldsymbol{X} = \{x_1, x_2, \cdots, x_p\}$ 和因变量 $\boldsymbol{Y} =$

$\{y_1, y_2, \cdots, y_q\}$ 的数据总体都满足高斯-马尔可夫假设条件时，由最小二乘法得到的估计量就是具有最小方差的线性无偏估计量，因此有

$$\hat{\boldsymbol{Y}} = \boldsymbol{X}(\boldsymbol{X}'\boldsymbol{X})^{-1}\boldsymbol{X}'\boldsymbol{Y} \tag{3-2}$$

式中，$\hat{\boldsymbol{Y}}$ 是因变量 $\boldsymbol{Y}$ 的最小二乘估算值。由式(3-2)可知，$\boldsymbol{X}'\boldsymbol{Y}$ 必须是一个可逆矩阵，所以若矩阵 $\boldsymbol{X}$ 中的样本数量远小于自变量数量或者 $\boldsymbol{X}$ 中存在严重的高阶相关性，就会导致最小二乘估计量失败，并引发一系列应用方面的困难。

为了解这个问题，偏最小二乘回归分析与主成分分析以及典型相关分析类似，都采用了成分提取的方法。在分析主成分的过程中，为保证能在自变量矩阵 $\boldsymbol{X}$ 中找到可以概括原数据最多信息量的综合变量，就需要从矩阵 $\boldsymbol{X}$ 中提取主成分 t_1，并保证 t_1 所包含的原数据变异信息是最大的，即

$$\text{Var}(t_1) \rightarrow \max \tag{3-3}$$

然后在去除了主成分 t_1 变异信息的残差矩阵中继续循环提取次成分 t_2, t_3, $\cdots$。理论上，对于有 n 个样本、p 个自变量的数据(其中，$n \ll p$)，提取的前 n 个成分就可以概括原数据中的所有信息量。在传统的相关性分析里，为从整体上研究自变量与因变量($\boldsymbol{X}$ 与 $\boldsymbol{Y}$)之间的相关关系，需要从矩阵 $\boldsymbol{X}$ 和 $\boldsymbol{Y}$ 中把各自的典型成分 t_1 和 u_1 提取出来，并使它们满足相关系数达到最大，即

$$r(t_1, u_1) \rightarrow \max \tag{3-4}$$
$$\text{s. t.} \quad t_1't_1 = 1$$
$$u_1'u_1 = 1$$

并与主成分分析一样，还可以循环提取更高阶层的次要成分。典型相关分析认为，若在上述的综合变量 t_1、u_1 之间存在显著相关关系，就可认为在原始数据的自变量 $\boldsymbol{X}$ 与因变量 $\boldsymbol{Y}$ 之间也存在相关关系。

不同于主成分分析与典型相关分析，偏最小二乘回归分析在提取成分时综合了两者的目标，即从自变量 $\boldsymbol{X}$ 与因变量 $\boldsymbol{Y}$ 中分别提取典型成分 t_1 和 u_1，使它们满足协方差达到最大，即

$$\text{Cov}(t_1, u_1) \rightarrow \max \tag{3-5}$$
$$\text{s. t.} \quad t_1't_1 = 1$$
$$u_1'u_1 = 1$$

式中，$\text{Cov}(t_1, u_1) = r(t_1, u_1)\sqrt{\text{Var}(t_1) \cdot \text{Var}(u_1)}$，模型如图 3-4 所示。此时已经综合考虑了使 t_1 和 u_1 尽可能概括原始数据的信息量以及使综合变量 t_1、u_1 之间相关性最大这两个要求，即在保证 t_1、u_1 尽可能好地表示 $\boldsymbol{X}$、$\boldsymbol{Y}$ 关系的情况下，自变量成分 t_1 对于因变量成分 u_1 有最好的解释能力。

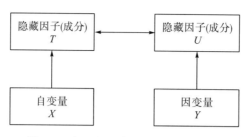

图 3-4　编最小二乘回归模型简要图示

提取第一组主成分 t_1、u_1 之后，分别进行矩阵 X 对 t_1 的回归和 Y 对 u_1 的回归，如果回归结果达到精度要求，则终止算法；否则，将使用 X 和 Y 分别被 t_1、u_1 解释后的残余信息开展新一轮的主成分提取，方法同前。如此重复，直到满足精度要求。假设在分析过程中最终提取了 m 个成分 t_1, t_2, $\cdots$, t_m，则通过实施 y_k 对 t_1, t_2, $\cdots$, t_m 的回归，然后再转化为 y_k 关于原变量 x_1, x_2, $\cdots$, x_p 的回归方程，其中，$k=1, 2, \cdots, q$，这样就完成了偏最小二乘回归建模。

2. 交叉有效性分析

在偏最小二乘回归建模中，不需要将全部成分都使用进去，而是通过选择前 m 个主要成分($m<k$，k 为矩阵 X 的秩)就可以得到一个预测性能较好的模型。主成分数量的选择至关重要，选择不当会对回归结果造成很大影响，成分过多或过少都会降低模型的预测精度，所以决定选入几个主成分是较为关键的一步。

本章采用交叉有效性(cross-validation，CV)法来确定主成分数。交叉有效性法也叫"留一法"，可通过考察增加一个新的成分后，能否对模型的预测功能有明显的改进来考虑，下面将对这个方法进行简单的介绍。

首先，给出交叉有效性的定义：

$$Q_h^2 = 1 - \frac{\text{PRESS}_h}{\text{SS}_{h-1}} \tag{3-6}$$

式中，Q_h^2 为增加主成分 t_h 后的交叉有效性；PRESS_h 为增加了第 h 个主成分 t_h 后的预测误差平方和；SS_{h-1} 为由全部样本点拟合的具有 $h-1$ 个主成分的回归方程的拟合误差平方和。

1) 预测误差平方和 PRESS_h

采用类似于抽样测试法的工作方式，首先把所有的样本点(总个数为 n)分成两部分，即某个点 i 和排除点 i 后的 $n-1$ 个样本点集合。然后用排除点 i 后的这 $n-1$ 个的样本点构建一个含有 h 个主成分的回归方程，把刚才被排除的样本点 i 代入这个拟合的回归方程中，得到 y 在样本点 i 上的拟合值，记为 $\hat{y}_{h(-i)}$。对于总样本中的每一个 $i = 1, 2, \cdots, n$ 重复以上的测试过程，即可以定义 y 的预测误差平方和为

$$\text{PRESS}_h = \sum_{i=1}^{n} (y_i - \hat{y}_{h(-i)})^2 \tag{3-7}$$

式中，y_i 为第 i 个样本点对应的目标值；$\hat{y}_{h(-i)}$ 为排除样本点 i 后剩余样本集合构建的回

归方程的拟合值。

如果回归方程的稳定性不好，它对样本点的扰动就会很大，此时预测误差平方和也会变大。

2)误差平方和SS_h

再采用所有的样本点，构建含有 h 个主成分的回归方程，于是误差平方和应为

$$SS_h = \sum_{i=1}^{n} (y_i - \hat{y}_{hi})^2 \tag{3-8}$$

式中，y_i 为第 i 个样本点对应的目标值；$\hat{y}_{hi}$ 为采用全部样本点构建的回归方程的拟合值。

一般而言，如果含有 h 个主成分的回归方程的含扰动误差的预测误差平方和 $PRESS_h$，能在一定程度上小于含有 $h-1$ 个主成分的回归方程的拟合误差平方和 SS_h，则认为增加该主成分 t_h 后，会使预测的精度明显提高。大量工程应用实践表明，当 $\dfrac{PRESS_h}{SS_{h-1}} \leqslant 0.95^2$，即 $Q_h^2 \geqslant 0.0975$ 时，引入新的成分 t_h 对偏最小二乘回归模型的预测效果有明显的改善作用，此时应该增加该主成分；反之，则认为不应再增加该主成分，这就是交叉有效性原则。

3.3.2　偏最小二乘回归的建模步骤

偏最小二乘回归可分为两类，即单因变量偏最小二乘回归模型和多因变量偏最小二乘回归模型。本章需要构建的大棚番茄蒸腾速率计算模型属于单因变量模型，所以这里仅对单因变量偏最小二乘回归模型的建模步骤做简要介绍。

(1)将自变量 X 和因变量 y 进行标准化处理，得到标准化后的自变量矩阵 $\boldsymbol{E}_0$ 和因变量矩阵 $\boldsymbol{F}_0$。其中

$$x_{ij}^* = \frac{x_{ij} - \bar{x}_j}{S_j} \tag{3-9}$$

$$\boldsymbol{E}_0 = (x_{ij}^*)_{n \times p} \tag{3-10}$$

$$\boldsymbol{F}_0 = \left(\frac{y_i - \bar{y}}{S_y}\right) \tag{3-11}$$

式中，$i = 1, 2, \cdots, n$；$j = 1, 2, \cdots, k$；$\bar{x}_j$，$\bar{y}$ 为分别为自变量 X 和因变量 Y 的均值；S_j，S_y 为分别为自变量 X 和因变量 y 的标准差。

(2)从 $\boldsymbol{E}_0$ 中提取第一个主成分 t_1：

$$t_1 = \boldsymbol{E}_0 \boldsymbol{w}_1 \tag{3-12}$$

式中，

$$\boldsymbol{w}_1 = \frac{\boldsymbol{E}_0' \boldsymbol{F}_0}{\| \boldsymbol{E}_0' \boldsymbol{F}_0 \|} \tag{3-13}$$

分别实施 $\boldsymbol{E}_0$ 和 $\boldsymbol{F}_0$ 在 t_1 上的回归，即

$$\boldsymbol{E}_0 = t_1 \boldsymbol{p}_1' + \boldsymbol{E}_1 \tag{3-14}$$

$$\boldsymbol{F}_0 = t_1 \boldsymbol{r}_1 + \boldsymbol{F}_1 \tag{3-15}$$

式中，p_1、r_1 为回归系数，且有

$$p_1 = \frac{E'_0 t_1}{\parallel t_1 \parallel^2} \tag{3-16}$$

$$r_1 = \frac{F'_0 t_1}{\parallel t_1 \parallel^2} \tag{3-17}$$

记两个残差矩阵分别为

$$E_1 = E_0 - t_1 p'_1 \tag{3-18}$$

$$F_1 = F_0 - t_1 r_1 \tag{3-19}$$

对模型的收敛性进行检验，若因变量 y 对 t_1 的回归方程已达到满意的精度，则直接进入下一步；否则，令 $E_0 = E_1$，$F_0 = F_1$，回到步骤(2)，对残差矩阵进行新一轮的主成分提取和回归分析。

(3)当第 h 次迭代($h = 2, 3, \cdots, m$)方程满足交叉有效性的精度要求时($Q_h^2 \geqslant 0.0975$)，得到 m 个成分 $t_1, t_2, t_3, \cdots, t_m$，实施 F_0 在 $t_1, t_2, t_3, \cdots, t_m$ 上的回归：

$$\hat{F}_0 = r_1 t_1 + r_2 t_2 + \cdots + r_m t_m \tag{3-20}$$

从推导过程可知，$t_1, t_2, t_3, \cdots, t_m$ 都是 E_0 的线性组合，于是 $\hat{F}_0$ 可写成 E_0 的线性组合形式，即

$$\hat{F}_0 = r_1 E_0 w_1^* + r_2 E_0 w_2^* + \cdots + r_h E_0 w_h^* + \cdots + r_m E_0 w_m^* \tag{3-21}$$

或者

$$\hat{y}^* = \alpha_1 x_1^* + \alpha_2 x_2^* + \cdots + \alpha_p x_p^* \tag{3-22}$$

(4)按照标准的逆运算，对上述模型进行反标准化，将 $\hat{F}_0(\hat{y}^*)$ 的回归方程还原为 y 对 X 的回归方程。

利用偏最小二乘回归法建模的流程图如图 3-5 所示。

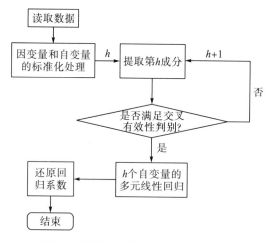

图 3-5　偏最小二乘回归法建模流程图

3.3.3　大棚番茄蒸腾速率的偏最小二乘回归预测模型

1. 基本数据资料

建立预测模型所用基本数据包括：5cm 深土壤温度 x_1(℃)，相对湿度 x_2(%)，平均气温 x_3(℃)，大气压 x_4(hp)，蒸发量 x_5(g/d)，太阳辐射 x_6(W/m²)以及采用快速称重法实测的大棚番茄顶层叶片蒸腾速率 y_i[g(m²/h)]。训练样本资料如表 3-1 所示。

表 3-1　大棚番茄顶层叶片蒸腾速率与环境因子的关系表

日期	5cm 地温 x_1/℃	相对湿度 x_2/%	平均温度 x_3/℃	大气压 x_4/hp	蒸发量 x_5/(g/d)	太阳辐射 x_6/(W/m²)	蒸腾速率 y_i/ [g(m²/h)]
2007-12-21	14.0	93.0	12.5	1028.1	3.0	80	26.30
2007-12-22	12.8	91.0	11.1	1030.7	3.6	117	24.44
2007-12-23	12.5	95.5	10.3	1032.1	1.9	56	25.07
2007-12-24	12.8	95.5	12.8	1031.1	2.0	67	20.37
2007-12-25	12.5	95.5	11.0	1033.6	2.2	64	20.56
2007-12-26	12.3	93.5	11.3	1032.7	2.3	76	23.24
2007-12-27	12.5	100.0	12.5	1028.7	2.7	83	24.23
2007-12-28	12.8	100.0	12.3	1030.4	2.3	71	30.96
2007-12-29	13.0	84.5	16.8	1032.0	6.1	206	45.65
2007-12-30	15.0	85.5	18.0	1038.2	6.3	210	64.92
2007-12-31	15.8	76.5	19.8	1040.2	7.1	215	67.71
2008-1-1	16.5	77.0	18.8	1042.5	6.9	213	55.82
2008-1-2	16.5	78.0	18.8	1039.3	6.3	205	49.61
2008-1-3	16.3	71.0	19.5	1035.7	6.4	212	47.72
2008-1-4	13.8	93.0	10.3	1033.5	2.3	75	20.71
相关系数 R	0.7970	−0.8063	0.9295	0.8060	0.9393	0.9259	1

如表 3-1 所示，大棚番茄顶层蒸腾速率与主要环境因子之间存在较高的相关性。其中，蒸腾速率与空气相对湿度呈负相关，与土壤温度、平均气温、大气压、蒸发量、太阳辐射(日照)呈正相关。

2. 自变量间多重相关性的判定

方差膨胀因子[6]是目前最常用的多重相关性的正规诊断方法。自变量 x_i 的方差膨胀因子可定义为VIP$_i$，计算公式为

$$\mathrm{VIP}_i = \frac{1}{1-r^2} \tag{3-23}$$

式中，r^2 是以 x_i 为因变量时其他自变量回归的复测定系数。

所有变量 x_i 中最大的方差膨胀因子VIP$_{imax}$通常被用来作为检验变量间具有多重相关性的指标。其判定标准是：如果VIP$_{imax}$> 10，则表示自变量 x_i 之间存在着多重相关性，

多重相关性将严重影响最小二乘的估计值，也就影响多元回归分析方法的实际应用。

表 3-2 给出了训练样本中所有自变量 x_i 与因变量 y 以及各个自变量 x_i 之间的相关系数，其中很多数值达到了较高的水平。例如，平均气温和蒸发量之间的相关系数为 $r(x_3, x_5)=0.9580$，平均气温和太阳辐射之间相关系数为 $r(x_3, x_6)=0.9516$，相对湿度和太阳辐射之间的相关系数为 $r(x_2, x_6)=-0.9111$，太阳辐射和蒸发量之间的相关系数为 $r(x_6, x_5)=0.9942$ 等。其中，最大的方差膨胀因子 $\mathrm{VIP_{max}} = \dfrac{1}{[1-r^2(x_6, x_5)]} = 86.46 > 10$，根据上述判定标准，说明环境因子之间存在多重相关性，传统的多元回归方法无法有效地建立预报模型。接下来，本书将采用偏最小二乘回归的方法，利用土壤温度、相对湿度、平均气温、大气压、蒸发量、太阳辐射（日照）等 6 个环境因子来建立大棚番茄顶层叶片蒸腾速率的偏最小二乘回归预测模型。

表 3-2　自变量 x_i 与因变量 y 以及自变量 x_i 之间的相关系数

r	x_1	x_2	x_3	x_4	x_5	x_6	y
x_1	1.0000	−0.8950	0.8679	0.8214	0.8437	0.8186	0.7970
x_2	−0.8950	1.0000	−0.8969	−0.7890	−0.9163	−0.9111	−0.8063
x_3	0.8679	−0.8969	1.0000	0.7664	0.9580	0.9516	0.9295
x_4	0.8214	−0.7890	0.7664	1.0000	0.7789	0.7623	0.8060
x_5	0.8437	−0.9163	0.9580	0.7789	1.0000	0.9942	0.9393
x_6	0.8186	−0.9111	0.9516	0.7623	0.9942	1.0000	0.9259
y	0.7970	−0.8063	0.9295	0.8060	0.9393	0.9259	1.0000

3. 预测模型的建立

根据偏最小二乘回归的建模步骤，下面来建立大棚番茄顶层叶片蒸腾速率的偏最小二乘回归预报模型，计算过程如下。

从 $\boldsymbol{E}_0$ 中提取成分 t_1：

$$t_1 = \Big[\sum_{i=1}^{6} r(x_i, y)x_i\Big] \Big/ \sqrt{\sum_{i=1}^{6} r^2(x_i, y)}$$

$$= 0.3741x_1 - 0.3785x_2 + 0.4363x_3 + 0.3783x_4 + 0.4409x_5 + 0.4346x_6$$

做 y 在 t_1 上的回归，回归方程为

$$\hat{y} = r_1 t_1 = 0.4008 t_1$$

$$= 0.1499x_1 - 0.1517x_2 + 0.1749x_3 + 0.1516x_4 + 0.1767x_5 + 0.1742x_6$$

计算得到相关系数为 $R=0.9240$；交叉有效性检验：$Q_1^2=0.6018>0.0975$，提取第二个成分 t_2。以此类推，经过 5 次迭代，当提取了第 5 个成分 t_5 时，计算得到相关系数 $R=0.9704$。交叉有效性检验：$Q_1^2=-0.0023<0.0975$，于是成分提取结束。所以最终确定选取 4 $(h=4)$ 个主成分 $(t_1$、t_2、t_3、$t_4)$ 来进行建模。计算结果如表 3-3 所示。

表 3-3　计算结果

成分个数 h	Q_h^2	R	临界值
1	0.6018	0.924	0.0975
2	0.4414	0.9617	0.0975
3	0.2207	0.9671	0.0975
4	0.2392	0.9687	0.0975
5	−0.0023	0.9704	0.0975

根据以上计算，选 $h=4$，即采用 t_1、t_2、t_3、t_4 做偏最小二乘回归，得到回归方程为

$$\hat{y}=0.0245x_1+0.4137x_2+0.4285x_3+0.2116x_4+0.3975x_5+0.2436x_6 \quad (3\text{-}24)$$

3.3.4　偏最小二乘回归模型的检验与分析

接下来对已经建立好的回归模型进行检验，为验证该模型的泛化能力，另选取该地区 2007-12-6～2007-12-20 的历史数据资料，同样进行标准化处理后输入上述建好的模型式(3-24)中，然后将模型预测的结果与实测值进行对比分析。结果如图 3-6 所示。

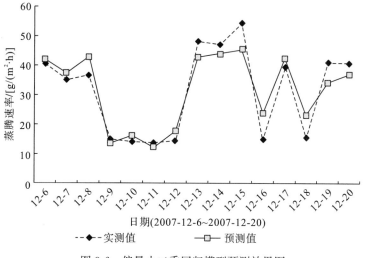

图 3-6　偏最小二乘回归模型预测效果图

经反标准化后，得到了大棚番茄顶层叶片蒸腾速率实测值 y_i 的拟合值 Y_{4i}。表 3-4 给出了 y_i、Y_{4i} 以及相对误差 RE_i。从表 3-4 中的相对误差看出，采用偏最小二乘回归模型对历史值的预测结果是相当满意的，实测值与预测值之间的相对误差平均值 $\overline{RE}=-0.07g/(m^2 \cdot h)$。由此证明了使用偏最小二乘回归方法建立的大棚作物蒸腾速率预测模型具有较强的有效性和稳健性，可以有效地估算大棚番茄的叶片蒸腾速率。这一点从图 3-6 中同样也可以看出。

表 3-4　$m=4$ 时模型的预测效果

日期	$y_i/[g/(m^2 \cdot h)]$	$Y_{4i}/[g/(m^2 \cdot h)]$	RE_i
2007-12-6	40.50	41.95	−0.04

日期	y_i/[g/(m² · h)]	Y_{4i}/[g/(m² · h)]	RE_i
2007-12-7	35.11	37.19	-0.06
2007-12-8	36.54	42.87	-0.17
2007-12-9	15.00	13.52	0.10
2007-12-10	14.09	16.20	-0.15
2007-12-11	13.76	12.03	0.13
2007-12-12	14.46	17.59	-0.22
2007-12-13	48.29	42.66	0.12
2007-12-14	47.20	43.97	0.07
2007-12-15	54.21	45.31	0.16
2007-12-16	14.57	23.72	-0.63
2007-12-17	39.64	42.29	-0.07
2007-12-18	15.48	22.92	-0.48
2007-12-19	41.03	34.32	0.16
2007-12-20	40.80	36.96	0.09

为了进一步揭示模型拟合值和实测值的关系,对两者进行了相关性回归分析,结果如图 3-7 所示。偏最小二乘回归模型拟合值和实测值之间呈正相关,相关方程为 $y = 0.7823x + 7.0203$,复相关系数 $R^2 = 0.887$,两者具有较好的一致性,不存在显著的差异。通过以上分析结果说明实测值与模拟值之间的相关性较好,无论晴天还是阴雨天气,使用偏最小二乘归法建模都可以有效地估算大棚番茄的叶片蒸腾速率。

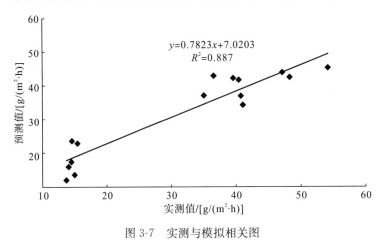

图 3-7 实测与模拟相关图

3.4 小结

本章通过田间试验,对越冬大棚番茄蒸腾速率变化规律做了深入研究,研究结果表明:大棚番茄蒸腾速率与环境因子之间具有很大的相关性;三种位置叶片的蒸腾速率变化规律基本相同：在晴天呈倒"V"字形的单峰变化，阴雨天呈"一"字形的变化；大棚番茄顶层叶片是进行蒸腾作用的主要部位；影响番茄蒸腾速率的各环境因子之间存在多重的相关性，经统计分析得到最大的方差膨胀因子 $VIP_{max} = 86.46 > 10$，针对这种情况，本章引入偏最小二乘回归的分析方法，建立起基于土壤温度、相对湿度、平均气温、大气压、蒸发量、太阳辐射等环境因子的大棚番茄蒸腾速率偏最小二乘回归模型，并对模型的预测效果进行了检验，结果令人满意。

第4章　大棚番茄膜下滴灌需水量计算方法研究

4.1　以水量平衡法推求大棚番茄膜下滴灌需水量

一般情况下，在某个特定时段内大棚土壤根系层的水量收支情况，应主要包括田间灌溉水量、地下水补给量、深层渗漏的情况、植株蒸腾作用以及土壤水蒸发量。根据水量平衡原理，可得到大棚土壤根系层的水量平衡方程：

$$\Delta\theta = Ds_{i+1} - Ds_i = I + W_c - DR - ET = I + W_c - DR - (E_s + TR) \tag{4-1}$$

式中，$\Delta\theta$ 为在 i 时段内土壤储水量变化，mm/d；D_{si} 为在 i 时段内土壤根系层的储水量，mm/d；I 为灌溉水量，mm/d；W_c 为地下水补给量，mm/d；DR 为土壤水分渗漏量，mm/d；ET 为蒸发蒸腾量，mm/d。

$$ET = E_s + TR \tag{4-2}$$

式中，TR 为植株蒸腾的水量，mm/d；E_s 为土壤蒸发的水汽量，mm/d。

在试验大棚中测点作物所在测坑内埋有隔水塑料薄膜，因此水量平衡中不存在地下水对土壤根系层含水量的影响，即 W_c、DR 可忽略不计，于是大棚内采用膜下滴灌的土壤根系层水量平衡方程可简化为

$$\Delta\theta = I - ET \tag{4-3}$$

试验中灌水量 I 和根系活动层土壤含水量变化 $\Delta\theta$ 可通过田间水表和 TDR 实测得到，而作物需水量可根据平衡方程间接获得

$$ET = I - \Delta\theta \tag{4-4}$$

同时，对于大棚内有地膜覆盖的处理，地表蒸发量可忽略不计，即 $E_s = 0$，此时也可以用作物的蒸腾量来表示田间的作物需水量：

$$ET = I - \Delta\theta = RT \tag{4-5}$$

4.1.1　大棚滴灌系统灌水利用系数的确定

大棚滴灌系统灌水利用系数指滴头实际的出水量与滴灌系统毛灌溉用水量的比值，它可以作为衡量大棚滴灌系统灌水损失情况的指标。要得到大棚滴灌条件下土壤含水量的正确计算方法，首先必须知道每次滴灌到达田间的实际灌水量，然后才能验证土壤含水量测量方法和计算方法的准确性，因此，如何确定大棚滴灌系统的灌水利用系数是首先应该解决的问题。

由于所有大棚都采用统一的滴灌方式和布置方式，所以任意选取其中一个试验棚进行观察即可，本次试验选取了西 1 号大棚进行观测。

1. 试验方法

准备工作：试验前，先准备 4 个同类型的圆形玻璃容器(高度为 25mm)，贴好标签，并使用精度为 0.1g 的电子秤分别对其称重，记录下各容器的初始重量 M_{0i}($i=1,2,3,4$)。然后在棚里沿长度方向上(从东往西)每 1/4 的距离处随机选取一个滴头作为观测对象，在每个滴头下方各放置一个玻璃容器用于接收滴灌出水。此时需注意，为保证滴头的出水压力不受影响，不应改变滴灌毛管或滴头的垂直位置，而应在滴头下采取挖坑的手段来放置玻璃容器。容器布置情况如图 4-1 所示。

图 4-1　集水容器工作情况

试验过程：将西 1 号棚的水阀完全开启，历时 3min，再将水阀完全关闭，通过水表来确定灌溉水量 ΔQ。灌水结束后，对 4 个玻璃容器再次进行称重，记录每个容器的重量 M_{1i}($i=1,2,3,4$)。于是可以得到本次灌水时间内单个滴头的实际平均灌水量为

$$\bar{q} = \frac{1}{n}\sum_{i=1}^{n}(M_{1i} - M_{0i}) \tag{4-6}$$

式中，$n=4$。

2. 灌水利用系数 η 的计算

根据每个大棚内的滴头总个数 m(23×85 个)可以算出大棚内每个滴头的理论灌水量，$q_0 = \Delta Q/m$，于是可得到此滴灌系统的灌水利用系数为

$$\eta = \bar{q}/q_0 \tag{4-7}$$

重复以上的试验步骤，分别测量历时 6min 和 9min 的灌水量，并通过对三次试验的计算结果取平均值作为灌水利用系数。根据三次实际测量的结果，最终得到本次试验大棚内滴灌系统灌水利用系数为 0.9736，计算过程见表 4-1。

表 4-1　灌水利用系数计算表

灌水时间 /s	水表初值 Q_0/m³	水表终值 Q_1/m³	单滴头计算流量 q_0/g	容器标号	第一次称重/g	第二次称重/g	单滴头实测流量 q_1/g	平均值/g	灌水利用系数 η	平均值
540	40.1676	40.8218	338.6387	1	148.5	478.8	330.3	330.3	0.9754	
				2	147.6	478.0	330.4			
				3	147.9	478.3	330.4			
				4	147.1	477.3	330.2			
360	40.8218	41.2500	221.6097	1	148.5	363.8	215.3	215.4	0.9718	0.9736
				2	147.6	363.0	215.4			
				3	147.9	363.4	215.5			
				4	147.1	362.3	215.2			
180	41.2500	41.4607	109.0968	1	148.5	254.7	106.2	106.2	0.9734	
				2	147.6	253.9	106.3			
				3	147.9	254.3	106.4			
				4	147.1	253.0	105.9			

4.1.2　TDR 实测土壤含水量的计算原理

本书以水层厚度表示土壤含水量,将一定深度土层中的含水量换算成水层厚度(mm)表示,计算公式如下:

$$水层厚度(mm)=土层厚度(mm)×土壤含水量(容积\%)$$

根据上述原理,可得到每次灌水前后土壤中水分增量的计算公式为

$$\Delta H = H_0(\theta_1 - \theta_0) \tag{4-8}$$

式中,ΔH 为每次灌水前后土壤内增加的水量,mm;H_0 为计算土壤层厚度,本书中为 TDR 传感器测量深度(200mm),mm;θ_0 为灌水前实测土壤体积含水率,%;θ_1 为灌水后实测土壤体积含水率,%。

根据上述计算方法,使用 TDR 可以准确地测量田间土壤表层 200mm 深度的水分存储量以及灌水前后的变化值,但是滴灌系统与传统灌溉方式有所不同,滴灌属于局部灌溉,滴灌系统灌水后土壤湿润体的深度并不均匀,每个滴头下灌水的湿润峰边界大致呈椭球状,所以式(4-8)能否准确地代表滴灌系统下的土壤水分含量的变化情况,需要进行验证。

4.1.3　大棚膜下滴灌土壤实际浸润深度的计算方法

由于上述 TDR 计算原理推求的土壤水分含量是用水层厚度(mm)来表示的,为方便验证式(4-8)的有效性,需要将滴灌水量转化为水层厚度来表示。其中,滴灌总水量的体积 V 可以通过水表读数来确定,只要能确定滴灌水体的有效湿润表面积,就可以将滴灌水量转换为水层厚度。然而实际中滴灌水在土壤中的浸润体是一个不规则的范围,所以要确定每次灌水后土壤的有效浸润深度存在一定的困难。针对这一问题,可以先假设土壤湿润体是固定形状,然后在假设条件下算出实际灌水的浸润深度 h,最后将 h 与

式(4-8)的计算结果进行对比，从而可以确定大棚番茄膜下滴灌土壤含水量的正确计算方法。验证过程如下。

首先，假定每次灌水后湿润区域的宽度应为整个地膜覆盖到的宽度 a，如图 4-2 所示。在地膜覆盖的条件下，每条滴灌毛管上的各个滴头出水后的土壤浸润区域是连成一片的，假设在此条件下的这个有效土壤湿润区域为长方体区域，该区域体积为

$$V = abh \tag{4-9}$$

式中，a 为地膜覆盖宽度，m；b 为滴管毛管的长度，m；h 为灌溉水在浸润区内的平均深度，m。

于是，每次滴水后入渗到田间的有效水深度应为

$$h = \eta \cdot \frac{\Delta Q}{n} \cdot \frac{1}{ab} \tag{4-10}$$

式中，ΔQ 为灌水前后水表读数差值，m³；η 为灌水利用系数；n 为地膜的条数。

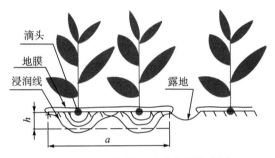

图 4-2　覆膜条件下滴灌水浸润范围

4.1.4　大棚番茄膜下滴灌需水量计算方法的确定

假设灌水过程中不考虑作物对水分的影响，则田间实际灌水量 h 应等于灌水前后土壤水分含量的改变值 ΔH，根据上述实测滴灌灌水量计算公式和 TDR 计算原理，可确定土壤含水量变化值的正确计算方法。

如图 4-3 所示，西 3 号大棚番茄在 2005 年 11 月～2006 年 1 月共有三次灌水，分别是

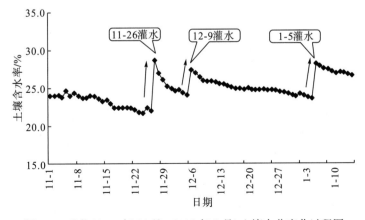

图 4-3　番茄(2005 年 11 月～2006 年 1 月)土壤水分变化过程图

2005 年 11 月 26 日、2005 年 12 月 9 日和 2006 年 1 月 5 日。三次灌水前后，20cm 土层深度内的土壤平均含水率变化值 $\Delta\theta$ 由 TDR 探头实测，灌水量通过水表读取，然后根据式(4-10)和式(4-8)，得到表 4-2 所示的计算结果。

表 4-2　膜下滴灌浸润厚度计算表

灌水时间	水表读数 Q/m^3	h/mm	土壤含水率 $\theta/\%$	$\Delta H/mm$
2005-11-26 9：00	67.7		22.0	
2005-11-26 9：40	72.2	13.04	28.7	13.32
差值	4.5		6.7	
2005-12-9 8：30	72.2		24.1	
2005-12-9 9：00	74.6	6.95	27.4	6.68
差值	2.4		3.3	
2006-1-5 8：30	74.6		23.0	
2006-1-5 9：00	78.6	11.59	28.7	11.24
差值	4.0		5.7	

从计算结果可以看出，三次灌水过程，在地膜覆盖宽度下的灌溉水浸润厚度 h 与实测土壤浸润厚度 ΔH 非常接近，相对误差的绝对值分别为 0.022、0.039 和 0.030，因此可认为，在该假设条件下，式(4-8)可以较为准确地估算大棚番茄膜下滴灌的实际土壤水量的变化情况，即

$$\Delta\theta = h \approx \Delta H \qquad (4\text{-}11)$$

经过上述分析，最终得到以水量平衡法推求大棚番茄膜下滴灌需水量的计算公式为

$$ET = h - \Delta\theta = \eta \cdot \frac{\Delta Q}{n} \cdot \frac{1}{ab} - H_0(\theta_1 - \theta_0) \qquad (4\text{-}12)$$

由于试验中缺少实测需水量的数据，为方便讨论，本章将以式(4-12)的计算值作为大棚番茄需水量的实测值对其他模型进行讨论。

4.2　大棚番茄膜下滴灌需水量计算模型研究

4.2.1　基于边界层阻力测量的 P-M 方程法

P-M 方程以能量平衡和水汽扩散理论为基础，既考虑了作物的生理特征又考虑了空气动力学参数的变化，有较充分的理论依据，是目前用于计算作物田间需水量最常见也最合理的方法。大棚种植的蔬菜主要以旱作物为主，它的需水量可以使用 P-M 方程[124]来计算，即

$$ET = \frac{\dfrac{\Delta(R_n - G)}{\lambda} + \dfrac{c_p \rho_a (e_a - e_d)}{\lambda} \cdot \dfrac{1}{r_a}}{\Delta + \gamma^*} \qquad (4\text{-}13)$$

式中，ET 为旱作物表面的蒸腾蒸发速率，kg/(m²·s)；λ 为水的蒸发潜热，J/kg；Δ 为温度-饱和水汽压关系曲线上切线斜率，kPa/℃；R_n 为地表净辐射，MJ/(m²·d)；

G 为土壤热通量，单位是 MJ/(m² · d)；c_p 为干燥空气常压下的比热，可取 $c_p=1012.0$ J/(kg · K)；ρ_a 为空气密度，kg/m³；e_a 为叶表面气温为 T_a 时的饱和水汽压，kPa；e_d 为外部空气的实际水汽压，单位是 kPa；r_a 为空气动力学阻力，s/m；γ^* 为修正湿度常数，kPa/℃。

$$\gamma^* = \gamma\left(1+\frac{r_c}{r_a}\right) \tag{4-14}$$

式中，γ 为湿度表常数，kPa/℃；r_c 为冠层气孔扩散阻力，s/m。

1. 气孔阻力 r_c 的确定

冠层气孔扩散阻力 r_c 反映了作物的综合生理状况，是太阳辐射、水汽压差、作物土壤湿度等因素的综合函数，研究表明，r_c 与环境因子之间的关系非常复杂，而且它随地域气候、土壤特性的不同变动性很大，直接测量几乎是不可行的，在实际研究中常用一些间接方法来获得：① 根据 P-M 方程，导出冠层气孔阻力 r_c 与空气动力学阻力 r_a 以及作物蒸腾蒸发量之间的关系式 $r_c=f(r_a,\text{ET})$。其中，ET 需要通过试验的方法和水量平衡原理测量得到；② 根据能量平衡方程、空气动力学和热力学原理，参照推导 P-M 方程的步骤来推求 r_c 的计算表达式 $r_c=f(r_a)$，这个方法仅需要确定 r_a 的值。本章采用的是第二类方法。

首先根据热传输原理，叶片与周围空气间的显热交换通量为

$$H=\frac{\rho_a c_p}{r_a}(T_1-T_a) \tag{4-15}$$

式中，T_1 为作物叶片温度，℃；T_a 为作物周围的空气温度，℃，其他符号意义同前。

叶片与其周围空气间的潜热交换通量为

$$\lambda E=\frac{\rho_a c_p}{\gamma}\left(\frac{e_0-e_d}{r_a+r_c}\right) \tag{4-16}$$

式中，e_0 为叶片气孔内的饱和水汽压，kPa。

根据 $e_0-e_a=\Delta(T_1-T_a)$，可导出：

$$e_0-e_d=\Delta(T_1-T_a)+(r_a-r_d) \tag{4-17}$$

将式(4-15)~式(4-17)代入能量平衡方程：$R_n=H+\lambda E+G$，经简化后可推导出 r_c 的计算公式如下：

$$r_c=\frac{r_a[\rho_a c_p(\Delta+\gamma)(T_1-T_a)+\rho_a c_p(e_a-e_d)-(R_n-G)\gamma r_a]}{\gamma[(R_n-G)r_a-\rho_a c_p(T_1-T_a)]} \tag{4-18}$$

或

$$r_c=\frac{r_a[\rho_a c_p(\Delta+\gamma)\text{LATD}+\rho_a c_p\text{VPD}-R_n'\gamma r_a]}{\gamma(R_n'r_a-\rho_a c_p\text{LATD})} \tag{4-19}$$

$$\text{LATD}=T_1-T_a \tag{4-20}$$

$$\text{VPD}=e_a-e_d \tag{4-21}$$

$$R_n'=R_n-G \tag{4-22}$$

式中，LATD 为表示作物叶温与空气温度的差值，℃；VPD 为表示空气的饱和水汽压差，kPa；R_n' 为表示作物冠层获得的总净辐射，MJ/(m² · d)：

气孔阻力计算模型中，R_n、LATD、VPD、$\rho_a c_p$、Δ、γ 等参数的测量和计算都相对比较容易，若能确定空气动力学阻力 r_a，就能根据上述公式计算得到 r_c 的值。研究表明，不精确的 r_a 会直接导致气孔阻力产生很大的偏差，冠层气孔扩散阻力的计算结果是否准确，关键在于如何正确获得空气动力学阻力。

2. 空气动力学阻力 r_a

所谓空气动力学阻力是指水汽离开叶片蒸发到空气的过程中所受到的阻力，它由叶片层流边界层阻力(r_b)和冠层上方湍流边界层阻力(r_g)两部分组成[119]。

1)层流边界层阻力 r_b

边界层通常是指叶面或冠层周围相对平稳的空气层(层流)，边界层阻力较高会影响叶片的蒸发和二氧化碳的交换，这也表明了叶表面与周围环境的状态差异。层流边界层阻力(r_b)可通过边界层扩散阻力传感器 BDR-02 测量。如图 4-4 所示，该传感器的探头是由两片具有光反应的金属圆片组成，两个圆片均由低导热材料制成，用不导热的材料来连接。其中一个金属圆片内部嵌有加热电阻丝，通以功率为 Q 的持续电流，使该圆片温度持续升高，而另一圆片不加热作为参考，于是加热圆片与不加热参考圆片间会产生温差。由于热传递的存在，两个金属圆片与周围空气之间不断进行热量交换，这使两圆片间的温差随时发生变化，温差越大说明圆片周围空气流动越慢，圆片向周围空气中扩散的热量越少，热导阻力越大[120]；反之，阻力就会越小。

图 4-4　BDR-02 传感器

根据上面的原理，如果能够确定温差 ΔT 与 r_b 之间的定量关系，就可以通过测量两圆片间的温度差来计算相应的 r_b 值。实际上，BDR-02 传感器的输出正是两个圆片的温度差 ΔT，而不是 r_b，温差由圆片上的一对电热偶来测量。

定义传感器上金属圆片的热传递系数为

$$\alpha = \frac{Q}{\Delta TS} \tag{4-23}$$

式中，α 为金属圆片的热传递系数，W/(m^{-2} · K)；Q 为加热圆片的恒定电功率，mW；

S 为金属圆片的表面积，cm^2；ΔT 为加热圆片与未加热参考圆片的温差，K。

热传递系数 α 和边界层阻力 r_b 之间存在很强的相关性，可以用式（4-24）的空气温度的隐函数来表示：

$$\alpha r_b = f(T_i) \tag{4-24}$$

式中，T_i 为气温。

于是通过测量两个圆片之间的温度差值 ΔT，结合加热电功率 Q 和圆片的表面积 S 等已知参数，就能求出 α，进而推导出 r_b 的计算公式。

根据热量平衡原理，金属片上不存在水分蒸发（其潜热为 0），只存在显热的变化，因此两个金属片上的能量平衡方程分别表示如下。

对加热圆片：

$$R_{nw} + \frac{Q}{S} = \frac{\rho_a c_p}{r_{bw}}(T_w - T_i) \tag{4-25}$$

对不加热圆片，$Q=0$，于是有

$$R_{nn} = \frac{\rho_a c_p}{r_{bn}}(T_n - T_i) \tag{4-26}$$

式中，R_{nw}、R_{nn} 分别为加热圆片和未加热圆片上得到的辐射（由于它们在同一水平面上，可认为它们得到的辐射量一样，即 $R_{nw}=R_{nn}$），W/m^2；c_p 为空气的定压比热，可取 $c_p=1012.0J/(kg\cdot K)$；ρ_a 为空气密度，kg/m^3，是空气温度的函数，可由式(4-27)表示：

$$\rho_a = 1.2837 - 0.0039T_a \tag{4-27}$$

式中，r_{bw}、r_{bn} 分别为加热圆片和未加热圆片的边界层阻力（这里假设 $r_{bw}=r_{bn}=r_b$），s/m；T_w、T_n、T_a 分别为加热圆片、未加热圆片和室内空气温度，K。

将式(4-25)和式(4-26)相减，整理后得边界层阻力的计算公式为

$$r_b = \frac{S\rho_a c_p}{Q}(T_w - T_n) = \frac{S\rho_a c_p}{Q}\Delta T = \frac{\rho_a c_p}{\alpha} \tag{4-28}$$

本试验中使用的恒定电功率 $Q=40mW$，金属圆片的表面积 $S=5cm^2$，于是边界层阻力计算空公式可写为

$$r_b = 12.65 \times (1.2837 - 0.0039T_a) \times \Delta T \tag{4-29}$$

通过式(4-29)，计算得出大棚番茄在生育期内层流边界层阻力 r_b 的日变化规律较为稳定，不同天气条件下，r_b 在夜间时段相对平稳，而在每日的 8：00～18：00 略有波动且低于其夜间时段的水平。r_b 的日最高值一般出现在夜间，且保持在 100s/m 以内，生育期内的日平均值为 87s/m，大棚作物生长过程中 r_b 随时间变化不明显。

2)湍流边界层阻力 r_g

如图 4-5 所示，冠层上方湍流边界层阻力主要受风速的影响，考虑到大棚内空气流动较缓慢，为避免当风速为 0 时出现 r_g 无穷大的情况，本章将采用适合大棚内风速较小情况的 Thom 和 Oliver[121] 公式：

$$r_g = \frac{4.72\ln\left[(z-d)/z_0\right]^2}{1+0.54u_z} \tag{4-30}$$

式中，z 为计算高度，m；u_z 为高度 z 处的风速，m/s；d 为零平面偏移高度，m；z_0 为

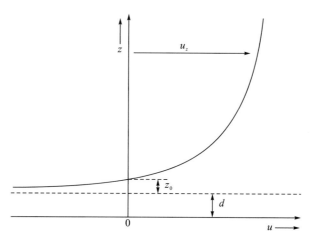

图 4-5　空气动力学风速剖面图

冠层粗糙度，m。

式(4-30)中，冠层粗糙度 z_0 表示冠层从气流中吸收动量的效率尺度[121]；零平面位移高度 d 表示把整个冠层简化为一个大叶片层时的有效高度，可以分别由式(4-31)和式(4-32)来确定：

$$d = 0.64h \tag{4-31}$$
$$z_0 = 0.13h \tag{4-32}$$

式中，h 为作物高度，cm。

将式(4-30)～式(4-32)合并以后，得到作物冠层上方湍流层阻力计算公式为

$$r_g = \frac{4.72\ln\left[(z-0.64h)/(0.13h)\right]^2}{1+0.54u_z} \tag{4-33}$$

本次试验期间，取计算高度 $z=2$m(大棚边窗通风口平均高度)，试验作物的高度均人为控制在 2m 以内，白天室内平均风速不超过 0.5m/s，于是，$r_g<3.0$s/m，其数值为 $1.04\sim2.51$s/m，是 r_b 的 1/10～1 倍，与实际情况相符。

将叶片层流边界层阻力(r_b)及冠层上方湍流边界层阻力(r_g)相加，便可得到空气动力学阻力的表达式为

$$r_a = 12.65\times(1.2837-0.0039T_a)\Delta T + \frac{4.72\ln\left[(z-0.64h)/(0.13h)\right]^2}{1+0.54u_z} \tag{4-34}$$

P-M 方程中涉及的其他参数的具体计算方法，可以直接参考文献[122]，限于篇幅这里不再一一进行介绍。

该模型的主要特点在于将边界层阻力实测技术运用到 P-M 方程中，同时考虑了大棚相对封闭，室内风速为 0 的情况，当风速等于 0 时，式(4-34)依然有效，从而提高了 P-M 方程的适用范围。需要注意的是，根据式（4-34）为 kg/(m²·s)计算出的作物需水量单位为，为使计算量与水量平衡法推求的需水量单位(mm/d)统一，还需进行单位转化，其方法是将式(4-13)的计算结果乘以系数 86400，即可等价转化为以 mm/d 表示的形式。对该模型的检验，将在 4.2.3 节中进行讨论。

4.2.2　基于 GA-BP 神经网络的需水量计算模型

目前，将 BP 神经网络应用于作物需水量（evapotranspiration，ET）的预报中，建立作物需水量神经网络预测模型，以实现对作物需水量的精确预测分析，为研究作物的耗水规律开辟了新的道路。然而 BP 神经网络本身存在极易陷入局部极小点、对复杂对象收敛速度慢等缺点。本章针对大棚这种小气候现象显著，需水量与各环境因子之间存在严重交互影响作用的特点，把遗传算法应用到对 BP 神经网络参数的优化上，根据所获得的棚内逐日气象参数以及作物需水量情况，应用 GA-BP 神经网络模型对试区大棚番茄需水量进行了预测，并对该模型预测效果进行了分析。下面将对 GA-BP 神经网络理论做一个简要的介绍。

1. BP 神经网络概述

1）基本概念

BP 神经网络又称反向传播网络[123,124]，是 1986 年由 Rumelhart 和 McCelland 为首的科学家小组提出的，是一种按误差逆向传播算法训练的多层前馈网络。BP 算法在于利用输出后的误差来估计输出层的直接前导层的误差，再用这个误差估计更前一层的误差，如此一层一层地反传下去，就获得了所有其他各层的误差估计。这样就形成了将输出层表现出的误差沿着与输入传送相反的方向逐级向网络的输入层传递的过程。因此，人们将此算法称为误差后传算法，多年来该算法一直受到人们广泛的关注[125]。

BP 神经网络主要用于以下几方面。
（1）函数逼近：用输入矢量和相应的输出矢量训练一个网络逼近函数。
（2）模式识别：用一个特定的输出矢量将它与输入矢量联系起来。
（3）分类：把输入矢量以所定义的合适方式进行分类。
（4）数据压缩：减少输出矢量维数以便于传输或存储。

2）BP 神经网络模型

BP 神经网络是基于 BP 误差传播算法的多层前馈网络，多层 BP 神经网络不仅有输入节点、输出节点，而且还有一层或多层隐含节点。三层 BP 神经网络的拓扑结构如图 4-6所示，包括输入层、输出层和隐含层。各神经元与下一层所有的神经元联结，同层各神经元之间无联结，用箭头表示信息的流动。

与一般的人工神经网络一样，构成 BP 网络的神经元仍然是人工神经元[125]。人工神经元是神经网络中最基本的组成单位，人工神经元相当于一个多输入、多输出的非线性阈值器件，如图 4-7 所示。人工神经元的输出一般可以描述为

$$Y_k = f\left(\sum_{i=1}^n w_{ik} x_i - \theta_k\right) \tag{4-35}$$

式中，x_i 为第 i 个输入信号；w_{ik} 为与第 i 个输入信号对应的神经元权值；θ_k 为该神经元的阈值；$f(\cdot)$ 为激活函数；Y_k 为神经元输出。

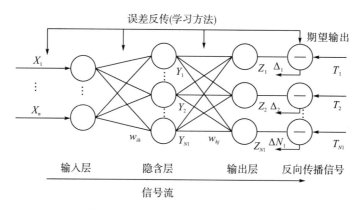

图 4-6　基于 BP 算法的神经网络结构

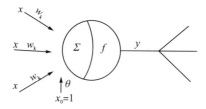

图 4-7　人工神经元数学模型

激活函数也叫做激活转移函数，它是神经元及网络的核心函数，它的作用是：控制输入到输出的激活作用；对输入、输出进行函数转换；将可能无限域的输入变换成指定的有限范围的输出。

常用的几种激活函数有[124]以下几种。

(1)阈值型：这种激活函数将任意输入转化为 0 或 1 的输出，函数 $f(\cdot)$ 为单位阶跃函数。

(2)线性型：线性型激活函数使网络的输出等于加权输入和加上偏差。

(3)S 型(sigmoid)：S 型激活函数将任意输入值压缩到 $(0,1)$ 或 $(-1,1)$ 的范围内，此种激活函数常用对数或双曲正切等一类 S 形状的曲线来表示(图 4-8)。

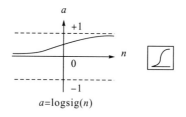

$a=\mathrm{logsig}(n)$

图 4-8　S 型激活函数

当 $n=0$，$a=0.5$，并且 n 落在区间 $(-0.6,0.6)$ 时，y 的变化率较大，而在 $(-1,1)$ 之外，y 的变化率就非常小。对神经网络进行训练时，应该将 n 的值尽量控制在收敛比较快的范围内。实际上，也可以用其他函数作为 BP 网络神经元的激活函数，只要该函数满足处处可导的条件即可。

3)BP 神经网络的实现步骤

BP 标准算法具体实现步骤如下。

(1)网络的初始化。网络训练开始时连续权值均为未知数，一般取区间(-1,1)的随机数作为各层连接权值和阈值的初始值。设定误差函数 $E = \frac{1}{2} \sum_{l=1}^{n_1} (t_l - o_l)^2$，式中，$t_l$ 为期望输出变量，o_l 为输出层输出变量。给定计算精度值 ε、学习效率 η 和最大学习次数 M。

(2)随机选取一个输入样本 X 以及对应的期望输出值 T，计算各层神经元的输出值。输入信号由输入层正向传播的过程可用式(4-36)和式(4-37)表示：

$$y_i = f_1(\text{net}_i) = f_1(\sum_{j=1}^{n_1} w_{ij} x_j - \theta_i), \quad i = 1, 2, 3, \cdots, n_2 \tag{4-36}$$

$$o_l = f_2(\text{net}_l) = f_2(\sum_{i=1}^{n_2} T_{li} y_i - \theta_j), \quad l = 1, 2, 3, \cdots, n_3 \tag{4-37}$$

式中，net_i 和 net_l 为神经元函数；w_{ij}、T_{li} 分别为隐含层和输出层的权值；θ_i、θ_j 分别为隐含层和输出层的阈值；f_1、f_2 为激活函数，隐含层激活函数 f_1 为 sigmoid 函数，输出层激活函数 f_2 为线性函数。

(3)计算输出节点的误差。当输出节点的期望输出为 t_l 时，输出节点的误差公式为

$$E = \frac{1}{2} \sum_{l=1}^{n_1} (t_l - o_l)^2 = \frac{1}{2} \sum_{l=1}^{n_3} \left\{ t_l - f_2 \left[\sum_{i=1}^{n_2} T_{li} f_1 (\sum_{j=1}^{n_1} w_{ji} x_j - \theta_i) - \theta_j \right] \right\}^2 \tag{4-38}$$

(4)连接权值和阈值的常规修正。连接权值的修正采用梯度下降法，每一次连接权值的修正量与误差函数的梯度成正比，从输入层反向传递到各层。各层的连接权值修正量为

$$\Delta T_{li} = \eta \, \delta_l y_i \tag{4-39}$$

$$\Delta w_{ij} = \eta \, \delta_i x_j \tag{4-40}$$

式中，δ_l 为利用网络期望输出向量和网络的实际输出向量计算的误差函数对输出层的各神经元的偏导数；δ_i 为利用隐含层到输出层的连接权值、输出层的 δ_l 和隐含层的输出计算的误差函数对隐含层各神经元的偏导数。

这两个变量可分别用式(4-41)和式(4-42)来表示：

$$\delta_l = (t_l - o_l) \cdot f_2'(\text{net}_l) \tag{4-41}$$

$$\delta_i = f_1'(\text{net}_i) \sum_{l=1}^{n_3} \delta_l T_{li} \tag{4-42}$$

式中，f_1'、f_2' 分别为激活函数 f_1、f_2 的导数。

阈值 θ 也是一个变化值，在修正权值的同时也修正了它，原理与权值的修正一样。样本训练到 k 时段，输出层与隐含层的阈值分别为 $\theta_l(k)$ 和 $\theta_i(k)$，经过修正后其阈值变为 $\theta_l(k+1)$ 和 $\theta_i(k+1)$，即

$$\theta_l(k+1) = \theta_l(k) + \eta \delta_l \tag{4-43}$$

$$\theta_i(k+1) = \theta_i(k) + \eta \delta_i \tag{4-44}$$

(5)根据上述修正公式，计算出新的权值和阈值，判断网络误差是否满足要求。若

$E<\varepsilon$ 或者学习次数大于设定的最大次数 M，则结束算法。否则，随机选取下一个学习样本及对应的期望输出，返回步骤(2)进行下一轮的学习过程。如此循环往复直至输出层误差平方 E 达到给定的拟合误差，网络训练结束。

4)BP 神经网络的不足与优化

基于 BP 算法的神经网络通过多个具有简单处理功能的神经元的复合作用，使网络具有非线性映射能力。这种网络在理论上的完善性和广泛适用性决定了它在人工神经网络中的重要地位，但其算法的自身缺陷也是不可避免的。最突出的弱点归纳起来有以下几点。

(1)BP 模型存在局部极小问题，对于一些实际问题难以达到全局最优。

(2)普通 BP 算法的收敛速度很慢。

(3)BP 模型的结构设计，特别是隐层单元数的确定缺乏理论依据。

针对 BP 算法的这些缺陷，人们提出了种种改进措施[126-128]。例如，采用数值最优化 LM 算法训练 BP 网络[82]，收敛速度得到明显改善，但要提高全局搜索能力、避免网络训练陷入局部最小值，还需要其他优化算法。此时，遗传算法就成为 BP 网络的一种重要的补充。遗传算法(genetic algorithm，GA)[129]是一种以达尔文的自然进化论和孟德尔的遗传变异理论为基础的全局随机搜索优化计算技术。遗传算法的搜索始终遍及整个解空间，擅长全局搜索；而神经网络在局部搜索时更为有效。因此，将两者结合起来，取长补短，形成一种混合训练算法，这样可以达到优化网络的目的。本章根据这种思想，利用遗传算法和神经网络的结合，改进了神经网络的性能，设计了一种基于遗传算法优化的神经网络模型(GA-BP 网络)，并把它用于大棚作物需水量的预测。

2. 遗传算法简介

1)遗传算法概述

遗传算法是由 Holland 提出的，通过模拟生物在自然环境中的遗传和进化过程而形成的一种自适应全局优化概率搜索算法[130-132]。它与传统的算法不同，大多数传统的优化算法是基于一个单一的度量函数(评估函数)的梯度或较高次统计，以产生一个确定性的试验解序列；遗传算法不依赖于梯度信息，而是通过迷你自然进化过程来搜索最优解(optimal solution)，采取的是群体搜索策略和群体中个体之间的信息交换。它利用某种解码技术，作用于称为染色体的数字串，模拟由这些串组成的群体的进化过程。遗传算法尤其适用于处理传统搜索方法难以解决的复杂和非线性问题。遗传算法给出了一个用来解决高度复杂问题的新思路和新方法。

2)遗传算法的基本思想

遗传算法是基于自然选择和基因遗传学原理的随机搜索算法。达尔文进化理论中的"适者生存"这一基本思想在遗传算法中得到充分的体现[130]。在自然进化的过程中，生物优秀的基因被不断地继承下来，坏的特性会被逐渐淘汰。在遗传过程中，新一代群体中的个体不但包含着上一代个体的大量信息，而且新一代的个体不断地在总体特性上超过旧的一代，从而使整个群体向优良的、更适应环境的品质发展。遗传算法，也就是不断地接近最优解。基于这种理论，遗传算法通过编码将待求解问题的决策变量转化为遗传染色体，由决策变量的目标函数值决定染色体的适应度，再经过三个基本遗传算子——选择、交叉和变异，产生新的个体。那些适应度较高的个体有更多的机会被选择产生后代，子代个体包含父代染色体的有利信息，随着遗传代数的增加，个体的适应度不断提高，直至满足收敛条件，这时群体中适值最高的个体即可作为待优化参数的近似最优解。

遗传算法的核心问题是寻找求解优化问题的效率与稳定性之间的有机协调性，即所谓的鲁棒性（robustness）。由于遗传算法具有计算简单和功能强大的特点，它对于参数搜索空间基本上没有苛刻的要求（如连续、导数存在及单峰等），所以遗传算法在许多工程优化问题的求解上得以广泛地应用。

3）遗传算法的运行过程

遗传算法模拟了自然选择和遗传中发生的复制、交叉和变异等现象，从任一初始种群（population）出发，通过随机选择、交叉和变异操作，产生一群更适应环境的个体，使群体进化到搜索空间中越来越好的区域，这样一代一代地不断繁衍进化，最后收敛到一群最适应环境的个体（individual），求得问题的最优解[132]。

（1）遗传算法的基本操作。

①选择（selection）。选择的目的是从当前的种群中选出优良的个体，使它们有机会作为父代为下一代繁殖子孙。根据各个个体的适应度值，按照一定的规则或者方法从上一代群体中选择出一些优良的个体遗传到下一代群体中去。遗传算法通过选择运算体现这一思想，进行选择的原则是适应性强的个体为下一代贡献一个或多个后代的概率大。这样就体现了达尔文的适者生存原则。

②交叉（crossover）。交叉操作是遗传算法中最主要的遗传操作，通过交叉操作以得到新一代个体，新个体组合了父辈个体的特性。将群体内的各个个体随机搭配成对，对每一个个体，以某个概念（称为交叉概率，crossover rate）交换它们之间的部分染色体。交叉体现了信息交换的思想。

③变异（mutation）。变异操作首先在群体中随机选择一个个体，对于选择的个体以一定的概率随机改变串结构数据中某个串的值，即对群体中的每一个个体以某一概率（称为变异概率，mutation rate）改变某一个或某一些基因座上的基因值为其他的等位基因。同生物界一样，遗体算法中变异发生的概率很低。变异为新个体的产生提供了机会。

（2）完整的遗传算法运算流程。

完整的遗传算法的运算流程可以用图 4-9 来描述。它的主要运算过程如下。

①编码：解空间中的解数据 x 作为遗传算法的表现型形式，从表现型到基因型的映射称为编码。遗传算法在进行搜索之前先将解空间的解数据表示成遗传空间的基因型串结构数据，这些串结构数据的不同组合就构成了不同的点。

②初始群体的生成：随机产生 N 个初始串结构数据，每个串结构数据称为一个个

体，N 个个体构成了一个种群。遗传算法以这 N 个串结构作为初始点开始进行迭代。设置进化代数计时器 $t \leftarrow 0$；设置最大进化代数 T；随机生成 M 个个体作为初始群体 $P(0)$。

③适应度值评价监测：适应度函数表明个体或解的优劣性。对于不同的问题，适应度函数的定义方式不同。根据具体问题，计算群体 $P(t)$ 中每个个体的适应度。

④选择：将选择算子作用于群体。

⑤交叉：将交叉算子作用于群体。

⑥变异：将变异算子作用于群体。群体 $P(t)$ 经过选择、交叉、变异运算后得到下一代群体 $P(t+1)$。

⑦终止条件判断：若 $t \leqslant T$，则 $t \leftarrow t + 1$，转到步骤②；若 $t > T$，则以进化过程中所得到的具有最大适应度的个体作为最优解输出，终止运算。

从遗传算法运算流程可以看出，进化操作过程简单，容易理解，它给其他各种遗传算法提供了一个基本框架。

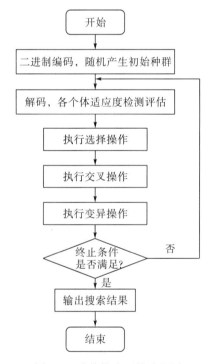

图 4-9　遗传算法运算流程图

3.遗传算法在神经网络中的应用

由于遗传算法能够收敛到全局最优解，而且遗传算法的鲁棒性强，将遗传算法与前馈网络结合起来是很有意义的，两者的结合不仅能发挥神经网络的泛化映射能力，而且使神经网络具有很快的收敛性和较强的学习能力。遗传算法与神经网络结合主要有两种方式：一是用于网络训练，即学习网络各层之间的连接权值；二是学习网络的拓扑结构。考虑具体的优化内容和策略可以分为以下三种方式。

(1)神经网络的参数训练。对于给定的网络拓扑结构，首先列出神经网络中所有可能存在的神经元，然后将这些神经元所有可能存在的连接权值编码成二进制码串或实数码串表示的个体，随机地生成这些码串的群体，进行常规的遗传算法优化计算。将码串解码构成神经网络，计算所有训练样本通过此神经网络产生的平均误差可以确定每个个体的适应度。定义适应度函数为

$$f = (\sum_{t=1}^{p} E_t^2)^{-1} \qquad (4\text{-}45)$$

终止条件为群体适应度趋于稳定，或误差 E 小于某一给定值，或已达到预定的进化代数。

(2)优化网络结构和学习规则。利用遗传算法优化设计的不仅是神经网络的结构，而且包括神经网络的学习规则和与之关联的参数。这类方法中有的还利用遗传算法优化设计个体适应度的计算方程。这类方法并不将连接权值编码成码串，而是将未经训练的神经网络的结构模式和学习规则编码成码串表示的个体，因此，遗传算法搜索的空间相对较小。相对于第一种方法，它的缺点是，对于每个选择的个体都必须解码成未经训练的神经网络，再对此神经网络进行传统的训练以确定神经网络的连接权值。

(3)优化网络结构和连接权值。相对于以上两种方法，此类方法的缺点在于：当优化设计解决较复杂的神经网络时，随着神经元数目的大量增加和学习规则的扩充，计算量会急剧增大，目前，一般只用于解决一些简单问题。本书主要考虑第一种方法，即神经网络参数的优化。应用改进型遗传算法对神经网络的参数空间进行并行搜索，寻找全局最优的一组权值参数。

经过遗传算法优化过的 BP 神经网络，也可以简称为 GA-BP 神经网络。GA-BP 神经网络的主要特点在于群体搜索策略和群体中个体之间的信息交换，搜索不依赖于梯度信息，对求解问题也没有特殊要求。因此，遗传算法适用于处理那些传统方法难于解决的复杂的非线性问题。对于三层神经网络，遗传算法对神经网络的结构优化主要在于隐层中节点个数的确定。本章采用 GA-BP 神经网络的基本思路是：首先初始化给定的 BP 神经网络，并运用遗传算法优化 BP 神经网络的初始权值和阀值，然后将遗传算法获得的最后权值和阀值设定为 BP 神经网络的初始权值和阈值，最后采用数值优化 LM 算法来训练网络。使用遗传算法优化 BP 神经网络的具体实现步骤如下。

(1)生成初始种群：包括遗传算法初始种群个数 size 的确定(一般取种群的大小为30~100)，遗传搜索空间 $[u_{\min}, u_{\max}]$ 的设定，交叉、变异概率 p_c，p_m 的确定，BP 算法中学习速率 η 的选择，动量因子 a 的选择。

(2)编码：此遗传算法的编码由两部分组成，包括由控制隐层节点个数的控制码和调节权重的权重码。

(3)选择复制：以 BP 网络均方误差的倒数为适应度函数，即 $f = (\sum_{t=1}^{p} E_t^2)^{-1}$，输入训练样本，按照适应度函数，求得每个个体的适应度。根据个体的适应度的大小，采用轮盘选择法复制生成新的种群。

(4)交叉变异：利用交叉、变异等遗传操作算子对当前一代群体进行处理，产生新一代群体。此过程中，不对控制码进行操作，只针对实数编码的权重码进行交叉和变异，

从而生成新一代群体。

(5)重复上述步骤(3)和步骤(4),每迭代一次,群体就进化一次,经过多次迭代之后,群体中适应度最高的串,即所需要解决问题的最合理的网络结构与相应的初始权值。

(6)将此网络结构与初始权值作为 BP 网络的初始值,利用 BP 算法继续进行调节,经过一系列的信息前传和误差反向调节的过程,直到目标函数值达到所要求的误差精度即可。

GA-BP 神经网络建模基本流程如图 4-10 所示。

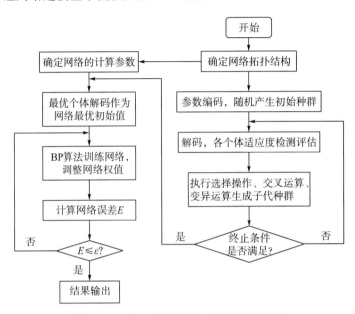

图 4-10　GA-BP 神经网络建模基本流程图

4. GA-BP 网络模型计算大棚番茄膜下滴灌需水量

1989 年,Hecht Nielson 证明了对于任何闭区间内的一个连续函数都可以用一个隐含层的 BP 网络逼近。因而一个三层的 BP 网络可以完成任意的 n 维到 m 维的映射。所以本章将采用含有一层隐含层的三层 BP 神经网络结构,即输入层、隐含层、输出层。

1)样本数据的处理

本章在 BP 神经网络中以影响大棚番茄需水量的 6 个主要环境因子——大棚内总辐射、最高气温、最低气温、最大相对湿度、最小相对湿度和 10cm 地温作为网络的输入端;以水量平衡法推求的大棚番茄需水量作为网络输出端(为方便描述,后边将以水量平衡法推求的需水量 ET 作为网络的实测值),建立一个具有 6 个输入、1 个输出的网络结构。取 2005~2007 年全生育期内的 212 天实测数据作为神经网络的学习训练样本,以 2008~2009 年的资料为检验样本。

在网络学习过程中,为便于训练,更好地反映各因素之间的相互关系,必须对样本数据进行预处理。本章在训练网络之前,将样本数据归一化,处理如下:

$$Y = \frac{X - X_{\min}}{X_{\max} - X_{\min}} \tag{4-46}$$

在得到预测值之后采用式(4-47)进行反归一化处理，即可得到作物需水量的实际值。

$$X = Y(X_{\max} - X_{\min}) + X_{\min} \tag{4-47}$$

式中，$X = [\mathrm{TIR}, T_{\max}, T_{\min}, AH_{\max}, AH_{\min}, T_{\mathrm{s}}, \mathrm{ET}]$ 是一组试验样本数据，包括 6 个输入量和 1 个输出量。TIR 为太阳辐射；AH 为空气温度；T_{s} 为地温；$X_{\max}$、$X_{\min}$ 分别为这组数据的最大值和最小值；Y 为归一化后的数据。

2)BP 神经网络结构的确定

网络训练精度可以通过采用一个隐含层，而增加其神经元个数的方法来提高。这在结构实现上，要比增加更多的隐含层简单得多，那么究竟选取多少个隐含层节点合适？隐含层的单元数直接影响网络的非线性性能，它与所解决问题的复杂性有关。但问题的复杂性无法量化，因而也没有很好的解析式来确定隐含层单元数。一般对于三层前向网络隐含层节点数有如下经验公式。

方法一：

$$k < \sum_{i=0}^{n} C\binom{j}{i} \tag{4-48}$$

式中，k 为样本数；j 为隐含层节点数；n 为输入层节点数，若 $i > \frac{1}{2}j$，则 $C\binom{j}{i} = 0$。

方法二：

$$j = \sqrt{n + m} + a \tag{4-49}$$

式中，m 为输出层节点数；n 为输入层节点数；a 为 1~10 的常数。

方法三：

$$j = \log_2 n \tag{4-50}$$

式中，n 为输入层节点数。

方法四：还可以采用试错法来确定隐含层神经元的个数。首先给定较小的初始隐含层单元数，构成一个结构较小的 BP 神经网络进行训练。如果训练次数很多或者在规定的训练次数内没有满足收敛条件，停止训练，逐渐增加隐层单元数形成新的网络重新训练。本章采用试错法确定隐层节点数，最终得到的隐含层神经元个数为 24 个。

经过上面的数据处理和试错，最终得到 BP 神经网络模型的拓扑结构为 6-24-1。将归一化处理过的样本数据输入工作区，使用 MATLAB 7.0 中的神经网络工具箱进行建模[133,134]，网络模型具体结构设置如图 4-11、图 4-12 和表 4-3 所示。

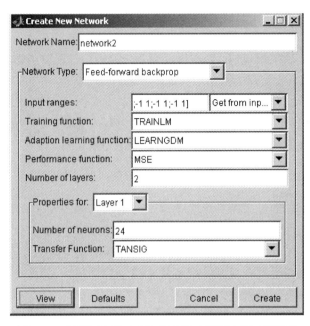

图 4-11　利用 MATLAB 神经网络工具箱构建网络模型

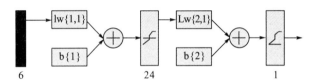

图 4-12　网络模型拓扑结构图

表 4-3　BP 网络模型结构

模型	神经元个数			传递函数	
	输入层	隐含层	输出层	隐含层	输出层
BP-NN	6	24	1	tansig	logsig

注：BP-NN 是指 back-propagation neural network，反向传播神经网络。

该网络包括 6 个输入节点、24 个隐含层节点和 1 个输出节点，其中，输入层与隐含层的传递函数为正切 S 型函数 tansig；隐含层与输出层的传递函数设定为对数 S 型函数 logsig；网络学习函数为 learngdm 函数；网络训练算法采用 L-M 优化算法，训练函数为 trainlm 函数；性能函数为 MSE，即网络的均方差。该网络中各层神经元之间的权值和阈值采用 MATLAB 默认的程序进行初始化。网络基本构架建立以后，就可以使用遗传算法来对网络权值进行优化了。

3)遗传算法优化网络参数

进行参数优化之前需要先对遗传算法的几个运行参数进行预先设定：初始种群规模为 $P=50$，选择方法为轮盘赌法；采用单点交叉，交叉概率为 $p_c=0.6$；变异算子选非一致变异，变异概率取 $p_m=0.08$，遗传算法终止代数设为 gen$=100$，经进化 90 代后，均方误差达到 0.001，优化结束，优化后的网络参数矩阵如下。

（1）从输入层到隐含层权值和阈值矩阵：

$$
W_1 = \begin{pmatrix} 0.0167 & -0.3444 & -1.2463 & 1.0085 & -1.1508 \\ -0.4317 & 0.3667 & 1.5609 & -0.1176 & -1.1146 \\ -0.9315 & -1.2049 & 1.2854 & 0.1787 & 0.0979 \\ -1.2221 & 1.4898 & -0.1936 & -0.5123 & -0.0234 \\ -1.4641 & -0.1474 & -0.9009 & 0.5075 & 0.8826 \\ -1.2106 & 0.5010 & -0.4197 & 0.0490 & -1.4555 \end{pmatrix}, \quad \theta_1 = \begin{pmatrix} -2.0034 \\ 1.2020 \\ 0.4007 \\ -0.4007 \\ -1.2020 \\ -2.0034 \end{pmatrix}
$$

（2）从隐含层到输出层权值和阈值矩阵：

$$
W_2 = \begin{pmatrix} 0.8564 & 1.1649 & 1.3021 & -0.7051 & -0.6888 & -0.9465 \\ -0.6064 & -1.0371 & 0.8917 & 0.0498 & -0.8925 & -1.6175 \\ -0.0391 & 0.4676 & -1.2359 & 1.2226 & 0.2270 & -1.5361 \\ 1.0337 & 1.3441 & 0.1420 & 1.2461 & 0.8831 & -0.6526 \\ 0.5558 & -0.6354 & -1.1005 & 0.4856 & -1.6417 & -0.8938 \\ 0.7924 & 0.4939 & 0.6777 & 1.2422 & 1.6660 & -0.0639 \\ 1.2738 & -0.7166 & -0.2466 & -1.4651 & 1.0458 & -0.4656 \\ 0.7358 & -1.0138 & 1.3201 & -1.1583 & -0.6668 & -0.7453 \\ -1.4421 & -0.1912 & 0.2784 & 0.8082 & -0.2271 & 1.6598 \\ -1.1260 & -0.0792 & 0.9032 & -1.6540 & 0.2651 & -0.8705 \\ -0.3579 & -1.1947 & -0.4097 & 1.3502 & -1.0344 & 1.0184 \\ 1.0120 & 0.3283 & -1.0222 & -1.4670 & -0.4626 & 1.0540 \\ -1.8620 & 0.0515 & -0.2759 & 0.1790 & -0.7932 & -1.2027 \\ -1.4533 & 1.0554 & 1.4090 & 0.1649 & -0.3665 & 0.5301 \\ 0.5501 & -1.3224 & -0.4798 & -0.8809 & -0.7790 & 1.4104 \\ -0.3067 & -0.2643 & -1.0660 & -0.8927 & 1.3121 & -1.3546 \\ 0.9386 & -0.2562 & -1.0830 & 1.3830 & -0.5419 & 1.1524 \\ -1.0936 & 0.1954 & 1.0696 & -0.7848 & -1.5015 & 0.6363 \\ -0.6173 & -1.4405 & 0.0788 & -1.5769 & -0.7848 & 0.2978 \\ -0.4486 & 0.2779 & -0.8862 & 0.9829 & -0.9857 & 1.6286 \\ -0.9234 & -0.0434 & 1.5240 & -1.5469 & -0.0135 & 0.2884 \\ 1.0245 & 0.0393 & -0.3418 & -1.2306 & 0.5961 & -1.6174 \\ -1.8125 & 1.1967 & -0.7264 & -0.3271 & -0.2636 & -0.4821 \\ 1.8532 & 0.9793 & 0.9829 & -0.0532 & -0.3878 & 0.3755 \end{pmatrix}, \quad \theta_2 = \begin{pmatrix} -2.3777 \\ 2.1710 \\ 1.9642 \\ -1.7575 \\ -1.5507 \\ -1.3439 \\ -1.1372 \\ -0.9304 \\ 0.7237 \\ 0.5169 \\ 0.3101 \\ -0.1034 \\ -0.1034 \\ -0.3101 \\ 0.5169 \\ -0.7237 \\ 0.9304 \\ -1.1372 \\ -1.3439 \\ -1.5507 \\ -1.7575 \\ 1.9642 \\ -2.1710 \\ 2.3777 \end{pmatrix}
$$

4)GA-BP 神经网络模型的训练

下面将初步优化得到的网络参数矩阵赋给已建好的 BP 神经网络模型，开始进入网络训练阶段。学习速率为 0.05，期望误差设为 0，在网络训练过程迭代 300 次后终止，此时控制网络总平方误差 MSE 可到达 0.000358856，而网络误差的绝对值都保持为（−1，1），相关度达到 0.9724，达到精度要求，网络训练结束。训练误差检验结果如图 4-13 所示。

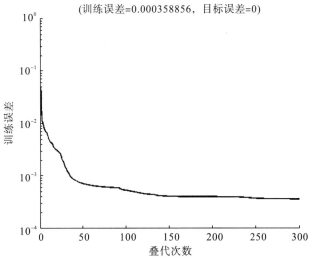

图 4-13　GA-BP 网络误差变化曲线

5）模型的拟合与检验

网络训练结束以后，开始进行网络模型的预测效果检验。本章选用了 2008～2009 年的实测试验数据对已建成的 GA-BP 神经网络预测模型进行检验。将该生育期一整年对应的 6 个气象因素作为输入项，代入 GA-BP 神经网络模型，进行大棚番茄需水量的预测，网络输出进行反归一化的处理，便可得到大棚番茄在 2008～2009 年整个生育期的需水量预测值 ET(GA-BP)。

图 4-14 给出了 GA-BP 神经网络输出预测值与实测值之间的拟合曲线。从拟合结果可以看出，在 2008～2009 年的整个生育期内，网络预测值与实测值之间拟合效果良好，

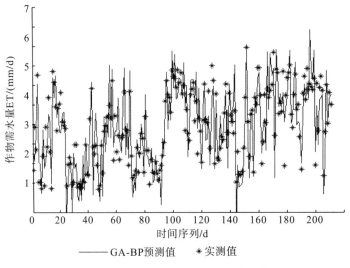

图 4-14　GA-BP 网络输出与实测值的模拟

经统计得到两者之间的平均绝对误差为 $\bar{e}=0.53\,\mathrm{mm/d}$，最大误差 $e_{\max}\leqslant 2\,\mathrm{mm/d}$。从图中还发现网络输出结果有三个地方出现了 0 值，它们分别出现在时间序列的第 25 天、第 29 天和第 145 天，实际种植中作物在正常生长的情况日需水量必然为正值，负数的出现表明预测结果失效。分析原因：在出现负值的三天内，天气状况多为阴天或雨天，外界辐射强度降低，大棚密闭的环境里空气干燥力非常小，由于蒸腾缺乏动力，导致室内番茄耗水量较低，网络预测值在一定范围内波动，于是出现 0 值，但误差仍然小于 1 mm/d，可以接受。

表 4-4 列出了 2008~2009 年大棚番茄以旬为单位的需水量实测值与 GA-BP 模型预测值的误差比较。从表中看出，ET(GA-BP)与实测 ET 之间存在一定的误差，最大最小相对误差绝对值分别为 15.72％和 0.63％，平均值为 5.55％。其中，误差较大的值多出现在 2008 年 2 月，此时正处寒冬冰雪天气，降雪造成气温骤降，且太阳辐射的反射率发生很大改变，这些都严重影响了预报的精度，从而导致预测误差偏大。进行相关分析可得两者之间呈正相关，复相关系数 $R^2=0.949$。

表 4-4　GA-BP 模型预测结果与实测值的误差比较

日期	10 月下旬	11 月上旬	11 月中旬	11 月下旬	12 月上旬	12 月中旬	12 月下旬	1 月上旬	1 月中旬	1 月下旬	2 月上旬
预测值/(mm/d)	2.11	3.29	1.67	1.21	2.05	3.13	2.78	2.1	1.33	3.81	3.91
实测值/(mm/d)	2.01	3.38	1.97	1.28	2.09	3.07	2.56	2.03	1.48	3.84	3.79
相对误差绝对值/%	5.35	2.64	13.51	5.37	1.75	1.99	8.46	3.88	9.66	0.83	3.38

日期	2 月中旬	2 月下旬	3 月上旬	3 月中旬	3 月下旬	4 月上旬	4 月中旬	4 月下旬	5 月上旬	5 月中旬	均值
预测值/(mm/d)	3.66	2.92	2.89	2.1	3.38	3.55	4.08	3.55	4.33	3.22	2.91
实测值/(mm/d)	3.27	3.46	2.87	2.24	3.66	3.58	3.99	3.53	4.1	3.5	2.94
相对误差绝对值/%	11.96	15.72	0.76	6.28	7.5	0.95	2.38	0.63	5.61	7.92	5.55

为了进一步检验 GA-BP 网络的预报精度，本章通过计算预测标准误差 SEE 和有效性指数 EF 的方法对预报值 ET(GA-BP)与实测值 ET 的一致性进行检验，计算公式如下：

$$\mathrm{SEE}=\sqrt{\frac{\sum(Y-\hat{Y})^2}{N-2}} \tag{4-51}$$

$$\mathrm{EF}=1.0-\frac{\sum(Y-\hat{Y})^2}{\sum(Y-Y_{\mathrm{m}})^2} \tag{4-52}$$

式中，Y 和 $\hat{Y}$ 分别是实测值和网络预测值；Y_{m} 是 Y 的平均值。

经计算得到网络预测标准误差 SEE＝0.2141 mm，预测模型的有效性指数达到了 94.24％，说明模型具有较好的预测能力。

4.2.3　两类模型预测效果的比较

采用上述的 P-M 方程法和基于 GA-BP 神经网络训练模型同时对 2008~2009 年大棚

番茄膜下滴灌整个生育期内耗水量进行计算和预测，最后求出全生育期内番茄需水量的旬平均变化，如图 4-15 所示。

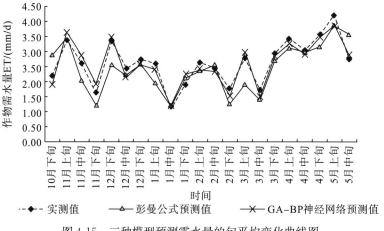

图 4-15　三种模型预测需水量的旬平均变化曲线图

通过图 4-15 可以看出，两类模型对 2008～2009 年大棚番茄膜下滴灌全生育期内的需水量的预测值与实测值之间都具有良好的同步关系，两个预测值的变化规律与实测值也基本保持一致。但是，基于 GA-BP 神经网络训练模型的预测结果比采用室内 P-M 方程法的计算结果精度更高些，相对而言更接近实测值。

为了进一步检验两种大棚番茄需水量计算模型的有效性，本章分别对两个模型的拟合结果与实测值进行了相关性回归分析，结果如图 4-16、图 4-17 和表 4-5 所示。

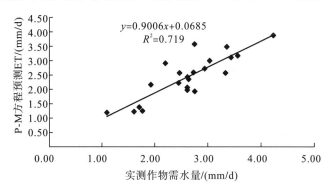

图 4-16　P-M 方程值与实测值相关性分析

通过相关性分析，可以看出无论是基于空气动力学阻力直接测量的 P-M 方程，还是使用遗传算法优化过的 BP 神经网络，其拟合值与实测值之间都具有比较好的相关性。如图 4-16、图 4-17 及表 4-5 所示，通过 P-M 方程计算的大棚番茄需水量与实测值之间的复相关系数 $R^2 = 0.7190$，平均相对误差 RE=0.16；而采用 GA-P 神经网络模型预测的需水量，其复相关系数达到了 0.9061，平均相对误差降到了 0.09，其有效性略高于 P-M 方程法。这说明在处理大棚微气候复杂的动态系统时，通过构建基于 GA-BP 人工神经网络的方法来预测大棚番茄需水量，更有利于进一步提高对大棚内番茄需水量的预测精度。但是从全生育期的角度来看，两种模型的拟合结果都是比较精确可靠的。

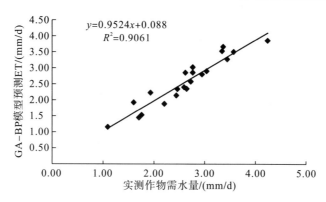

图 4-17　GA-BP 模型拟合值与实测值相关性分析

表 4-5　相关性分析

序号	拟合方程	R^2	RE(mm/d)	相关度
1	ET(P-M)=0.9006ET+0.0685	0.7190	0.16	＊＊＊
2	ET(GA-BP)=0.9524ET+0.088	0.9061	0.09	＊＊＊＊

注：ET 为水量平衡法推求的大棚番茄的需水量；ET(P-M)为采用 P-M 方程直接求得的番茄需水量；ET(GA-BP)为采用 GA-BP 神经网络模型预测的番茄需水量；R 是相关系数；RE 表示预测结果的平均相对误差。

4.3　小结

（1）本章从水量平衡的角度出发，通过田间试验和统计分析，得出了通过 TDR 实测土壤含水量来直接推算大棚番茄膜下滴灌需水量的正确方法。

（2）根据能量平衡原理，介绍了基于实测的空气动力学阻力来推求气孔阻力的方法，以及建立在空气动力学阻力和气孔阻力基础上的 P-M 方程法，该模型的核心是对空气动力学阻力的测量方法。

（3）利用遗传算法优化 BP 神经网络参数，在此基础上建立了拓扑结构为 6-24-1 的 GA-BP 模型，并将该模型应用于大棚番茄需水量的预测，达到了很好的预测效果。

（4）本章最后对两类大棚番茄需水量预测模型进行了比较，并指出通过构建基于 GA-BP 人工神经网络的方法来预测大棚番茄需水量，更有利于进一步提高对大棚内番茄需水量的预测精度。但是从全生育期的角度来看，两种模型的拟合结果都是较为可靠的。

第 5 章　大棚番茄生态环境调控及其节水效应研究

在大棚生产管理中，人起到至关重要的作用。然而，目前几乎所有的生产管理都是基于多年生产经验，甚至是直觉，而且种植者实施措施，提供灌溉、施肥和其他环境管理制度等也多是基于外界环境因素的变化情况。例如，在高温潮湿的天气里增加灌水次数、经常通风、覆盖遮阳网；在阴冷的天气里减少灌溉通风次数、覆盖防寒被等。单靠传统建议或经验方法来进行大棚管理，对于目前的生产要求来说是远远不够的，也是不科学的。

因此，本章充分利用植物生长检测系统，定性分析大棚生态环境要素及调控措施对番茄生长发育水平的影响机理，以确定最适宜番茄生长的大棚生态环境指标和管理措施。具体研究内容包括：大棚夜间最优气温指标的确定、叶气相对温度变化规律研究、水分胁迫指标的确定、最优灌水时间点的确定以及优化膜覆盖措施的研究。通过试验分析，总结出一套适合我国南方地区塑料大棚生产管理的完整理论，对于降低大棚生产成本、提高作物产量、提高经济效益以及促进我国大棚农业生产的发展具有实际的指导意义。

5.1　大棚番茄最适宜的生态环境指标研究

从植物生理学角度来看，植物的主要器官(茎、叶、果实等)的微动态变化与其体内的水分状况以及周围生长环境(温度、湿度、光照等)的改变有很大关联。例如，作物茎秆直径(stem diameter，SD)白天收缩，夜间复原或膨胀，呈"V"形的周期性波动变化，当灌水条件改变或空气干燥度发生变化时，茎直径会产生微妙的波动；作物茎液流速的大小和叶温的改变则反映了作物的蒸腾属性和空气温湿环境对作物水分胁迫的影响[76]等。这些规律都为通过观测作物主要器官的微动态变化来判断植物水分状况，制定科学灌溉及管理制度等提供了可能。

本章使用植物生长检测仪对大棚番茄主要器官生理特征和环境参数进行实时监测，通过分析大棚生态环境和作物之间的影响机理，获得大棚生态环境优化的管理指标，以指导实际生产。大棚生态环境的管理包括很多指标，但在我国南方地区塑料大棚中存在的首要问题是室内温湿环境的调控问题，不适宜的温湿环境是影响室内作物正常生长的主要原因，但目前尚没有相关的成熟理论依据可供参考。针对实际情况，本节重点研究大棚内温度、湿度和胁迫三个指标。试验中使用到的传感器包括：①TIR-3 太阳总辐射传感器；②RHS-2 空气湿度传感器；③AT-1 空气温度传感器；④LT-1 叶片温度传感器；⑤SF-4/5 茎液流速传感器；⑥SD-5 茎秆变化传感器。

5.1.1　塑料大棚室内气温指标的研究

在白天，作物通过光合作用在体内积累了大量的物质和能量；到了夜间，作物主要的生理活动是进行呼吸作用，这是作物进行生长或者物质能量进行消化的一个重要时段。夜间没有光照，不会进行蒸腾作用，且整个大棚处于完全封闭的状态，室内相对湿度几乎一直保持为 100%，所以影响作物的呼吸作用的主要因素就是室内的空气温度。

要确定室内温度设定指标，茎直径的变化是一个很好的生理参考标准。本章将通过作物生长监测仪对大棚番茄茎直径的生长情况进行实时监测，找到茎直径的变化规律与夜间气温大小的对应关系，以达到参考作物的生理指标（SD），来确定最适宜大棚番茄生长的室温指标的目的。

在西 9 号番茄棚内，通过作物生长监测仪观测到的番茄茎粗连续 13 天的生长变化情况见图 5-1。

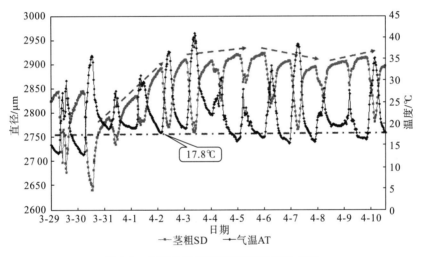

图 5-1　大棚番茄茎直径随气温的变化规律

作物茎直径的增长一般发生在夜晚，它与白天平均气温关系不是很明显，但与夜间气温有很大的关联。如图 5-1 所示，在连续 13 天的观测期内，番茄茎直径的生长速度随夜间平均气温的改变而产生波动。例如，3 月 30 日夜间温度升高使茎直径迅速生长，而在 4 月 3 日~4 月 7 日期间夜间温度有所下降使主茎直径的生长出现了下降趋势。由此可见夜间气温确实是影响茎直径生长的重要因素。

如果夜间温度过高或过低，都会对作物的生长产生影响，只有室内夜间气温达到较适宜的水平才能更好地促进作物的生长。经过研究发现，番茄茎直径的增长水平可以通过夜间最低温度来衡量。本章研究的目的就在于找出这个温度指标，用来更好地指导生产。

从图 5-1 可以看出，连续 13 天内番茄茎直径增长情况大致分为 4 个阶段：第一阶段，3 月 30 日~4 月 2 日夜间气温不断上升，番茄的茎直径也快速增长，其中，4 月 1 日的夜间最低温度达到了 17.8℃，此时的茎直径增长速率达到了 2.38μm/h；第二阶段，在 4 月 3 日晚上温度过高，最低温度高达 22.1℃，番茄的茎直径增长缓慢，增长速率变为

$0.08\mu m/h$；第三阶段，4 月 4 日～4 月 7 日，大棚夜间气温较低，对茎直径的生长也会起到一定的阻碍作用，茎直径生长缓慢甚至出现负向增长（相对于前一天的变化斜率），其中，4 月 6 日夜间最低温度为 15.3℃，茎直径增长速率为 $-0.63\mu m/h$；第四阶段，随着 4 月 8 日夜间温度的回升，番茄茎直径的生长又恢复了正向增长的趋势（增长速率为 $0.46\mu m/h$），具体数值见表 5-1。

表 5-1　大棚内环境要素与番茄茎直径生长情况表

日期	3 月 30 日	3 月 31 日	4 月 1 日	4 月 3 日	4 月 6 日	4 月 8 日
入射太阳能/（W/m²）	46.5	103	156	213	204	178
白天平均气温/℃	28.5	22.3	26.7	33.9	25.7	22.5
夜间最低气温/℃	12.7	18.9	17.8	22.0	15.3	19.2
茎直径生长速率/（μm/h）	−2.30	1.83	2.38	0.08	−0.63	0.46

通过以上分析可以得出：无论是夜间温度过低，还是夜间温度过高都对番茄茎秆直径的生长产生影响（造成生长速率的降低甚至负向增长），而番茄茎秆发育最优的临界夜间最低温度应该保持在 17.8℃左右。

由于一天内的最低气温一般出现在黎明时分（日出前后），对于没有特殊温控装置的大棚来说，此时要特别注意控制室温，当室温低于 17.8℃时，尽量不要过早开启窗口通风。

5.1.2　塑料大棚内部相对温度变化规律

大棚由于长期密闭，湿气长时间处于较高水平，当湿度达到过饱和时，作物叶片和主要器官表面会出现"结露"。"结露"对大棚蔬菜的生长是一个很大的威胁。如果处理不当，很容易引起病虫灾害，影响作物生长。如果可以找出叶片表面或空气出现露水的精确时刻，就可以通过及时采取通风等措施，对大棚湿度环境加以调控，同时也可以避免因为通风不当而造成室内热量流失浪费。

"相对温度"指的就是空气或叶片的实际温度与露点温度之差，即 AT-DPT、LT-DPT。这些差值可以表示空气中或叶片表面的水汽距离饱和的程度，当 AT-DPT>0 或 LT-DPT>0 时，差值越大表示大棚空气越干燥，反之，越湿润；当 AT-DPT≤0 或 LT-DPT≤0 时，说明空气或叶表面水汽已达到饱和，此时极易出现露水。本章基于上述规律对两个指标进行了试验研究，目的在于通过观测 LT-DPT 和 AT-DPT 的变化规律来确定大棚空气和叶片出现结露的时间点，以期指导大棚的通风管理。

图 5-2 为连续两天内大棚番茄叶片和空气相对温度的变化规律，其中，3 月 30 日为晴天，3 月 31 日为阴雨天气。如图 5-2 所示，晴天光照条件较好，叶片表面露水从 8：00 揭开防寒被开始经过一个多小时的蒸发，到 9：30 叶表面才彻底干燥（LT-DPT>0），直到下午 18：00 再次关闭大棚的通风口以后才再次出现露水（LT-DPT<0）。由此说明，大棚番茄进行光合作用的主要时段应该是 9：30～18：00。阴雨天光线很弱，全天大部分时间内大棚番茄叶表面都会出现结露的现象，直到上午 11：30，叶片温度高于露点温度，叶表面的水分才完全气化，而且再次结露的时间也提前到了下午 15：00。日间叶片表面

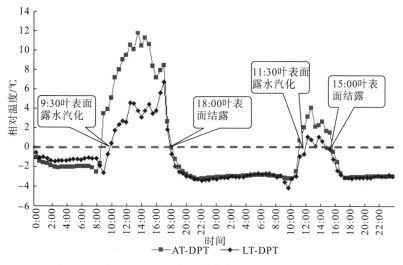

图 5-2　空气叶片相对温度变化曲线(2006-3-30～2006-3-31)

干燥的时间仅为 3.5h，这种天气对番茄的生长极为不利，应该特别注意通风排湿。

相对于叶片相对温度而言，空气相对温度的数值在白天一般都大于叶片相对温度(最大值近似是叶片相对温度的 2 倍)。上午，空气相对温度超过 0℃的时间与叶片表面干燥出现的时间也不同，例如，在晴天(3 月 30 日)，AT-DPT 在早上 8：30 已超过了 0℃，而 LT-DPT 要延迟近一个小时才出现，在阴雨天(3 月 31 日)的上午也有同样的规律；在下午，无论是晴天还是阴雨天，空气和叶片表面结出露水的时间几乎是同时的。

通过图 5-2 也可发现，在夜间，由于大棚内没有专用的排湿设备，夜间湿度几乎一直处于过饱和状态。而且由于没有外界气象干扰项的影响，AT-DPT 和 LT-DPT 都非常稳定，两者数值几乎相同，并保持在−3℃左右。

5.1.3　大棚番茄水分胁迫指标研究

蒸腾作用是能量消耗的过程，作物叶片的蒸腾会带走叶片周围的部分热量，所以蒸腾作用可以起到一定的降温效果，即叶片的温度应该低于周围空气的温度(LATD<0)。研究表明，相对叶气温差(leaf-air temperature difference，LATD)的变化情况往往可以反映出作物的蒸腾状况和水分亏损状况，可作为植物体内水分亏缺的指标来研究。

孙宁宁[73]用气孔测试来测量作物水分亏缺反应，并得出结论：在水分充足，能保证作物正常生长的情况下，如果作物相对茎液流速(stem flux，SF)与空气 VPD 同步，则说明作物蒸腾不受约束；反之，则很有可能是作物对水分胁迫做出的气孔反应，即蒸腾受到约束。另外，还指出 LATD 与 VPD 表现为负相关，若 LATD 与 VPD 变化关系异步，则说明作物对 VPD 无气孔反应，即无水分胁迫；若 LATD 与 VPD 变化关系同步，则说明作物很可能发生了气孔反应。

本章基于这些理论，通过分析 VPD 与茎液流速和 LATD 两个生理指标的变化关系，对番茄水分胁迫情况进行定量的研究分析，拟找出水分胁迫发生时 VPD 的关键数值点，并即时对水分胁迫采取调控措施，进行调控效果分析。

1. 水分胁迫对大棚番茄生理特性的影响

如图 5-3 所示，在强光照的天气里，由强光和高温形成的高蒸发力使棚内空气 VPD 一直处在较高的水平，最高值出现在 15：00，最高值为 3.1 kPa，已经超过了番茄正常生长所能承受的上限。午间水汽压差的增大，空气的过度干燥，使植株因蒸腾失水产生一定程度的水分亏缺，为防止番茄体过度失水，叶片表面的气孔会适当收缩，使气孔阻力增大，降低植株的蒸腾作用。如图 5-3 所示，由于植物长时间的高强度蒸腾和水分状况的积累改变，叶片在上午 10：00 以后出现了气孔效应，导致叶柄茎液流速（SF-4）的变化出现较大波动，14：00 左右数值跌入了低谷。茎液流速的变化规律与空气 VPD 变化规律不同步，即在日间，VPD 的变化规律呈"Λ"形，而实测茎液流速整体变化趋势呈"M"形，这一现象可作为番茄发生水分胁迫的证明。

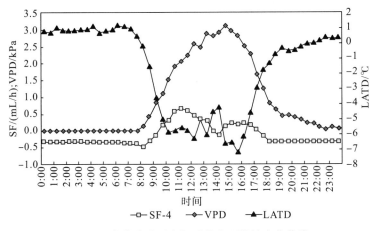

图 5-3　水分胁迫下大棚番茄生理特性变化曲线

气孔效应的出现还体现在番茄叶表面温度的变化上。当发生气孔效应时，由于蒸腾作用下降，能量的消耗也会减少，所以叶片的"降温"能力减弱，叶片温度的上升直接导致 LATD 的减少，这是番茄叶片对空气干燥的一种常规的气孔反应。如图 5-3 所示，LATD 在 10：00～15：30 出现剧烈而频繁的波动，在 14：00 蒸腾作用最弱的时候叶气温差达到最小值（−4℃），这些都是番茄出现明显水分胁迫的现象。

2. 灌水对水分胁迫的调节作用

长期的水分胁迫对作物的生长极为不利，特别是在果实的成熟期，水分供应不足，会严重地影响作物生产和降低产量，所以必须采取适当的措施对这一状况进行控制或改善，从而保证作物的正常生产。作物发生水分胁迫主要包括两个方面的原因：一是土壤水资源短缺，二是空气过度干燥。当大棚内同时具备这两个条件时，室内作物极易发生水分胁迫。为了缓解作物水分胁迫的情况，适量增加灌水，是一个较好的解决方法。

试验于 2006 年 4 月 17 日傍晚对番茄棚进行了充分灌水，灌水后的第二天（2006 年 4 月 18 日），在空气干燥度较高的天气里，由于土壤内水分充足，作物没有出现气孔效应，番茄的生理现象表现为正常状态。如图 5-4 所示，番茄的茎液流速与棚内 VPD 的变化基本同步，

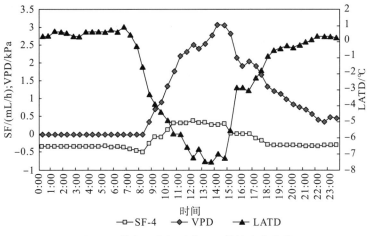

图 5-4　灌水后大棚番茄生理特性变化曲线

且叶气温差也与 VPD 呈现出较明显的负相关，当 VPD 在 14：30 达到最高峰时，LATD 也达到了全天最大（-7.5℃），试验数据表明，增加额外灌水对缓解作物水分胁迫的效果显著。

从水分胁迫发生的另一个原因来看，空气干燥度也是诱发作物发生胁迫的一个重要因素。空气干燥度可由空气饱和水汽压差来描述，所以 VPD 的大小可作为作物发生水分胁迫的一个比较重要的参考指标。如果可以掌握作物发生水分胁迫时 VPD 的临界值，待 VPD 临界值出现之前采取适当管理措施加以控制，这对维持作物正常生产，使作物免受胁迫伤害具有实际的意义。

3. 基于 VPD 的水分胁迫指标研究

由上述内容可知，VPD 是作物出现水分胁迫的一个重要的指标。如果 LATD 和空气 VPD 两者之间昼夜的依赖关系是曲线的，那么这些植物极可能正处在水分胁迫条件下，而 LATD 曲线发生转折时所对应的 VPD 即出现水分胁迫的临界值。

1）空气过度干燥引起的水分胁迫判定

作物发生水分胁迫主要包括两个方面的原因，即土壤水资源的缺乏和空气干燥力过大。只有正确判断出水分胁迫发生的原因，才能采取合理的调控措施，对胁迫加以缓解。本章采用的诊断方法为：当初次出现胁迫现象时，对作物施以充分灌水，如果灌水之后随着 VPD 的升高胁迫已经消失，则说明水分胁迫是土壤干燥造成的；如果灌水之后随着 VPD 升高试验作物再次发生胁迫，就证明这是空气过度干燥所导致的，此时可以确定临界 VPD 的数值。如图 5-5 所示，在晴天，11：00 之前，随着 VPD 的上升 LATD 逐渐增大（负向增大），到达 11：00 时随着 VPD 的上升 LATD 逐渐减小，第一次出现水分胁迫的现象。为了诊断水分胁迫出现的原因，试验在 11：30 时对大棚内番茄进行了充分灌水。灌水后 0.5h 内 VPD 与 LATD 恢复正常趋势，但到达 12：00 以后，胁迫现象再次出现，图中两条曲线 12：00~14：00 变化始终趋于同步，随着 VPD 的波动，LATD 也会发生同向的变化。14：00 过后，VPD 快速下降，而 LATD 出现上升趋势，说明水分胁迫已经结束。

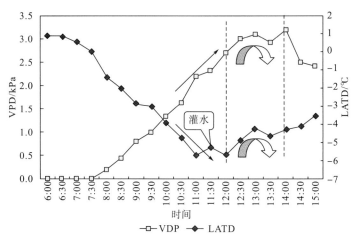

图 5-5　VPD 和 LATD 的变化曲线(2006-4-24)

试验结果表明，此类胁迫出现的原因为空气过度干燥，在这种情况下，增加额外的灌水无法缓解胁迫的状况。

2)水分胁迫控制指标的确定

针对以上的这种情况，可通过建立 LATD 与 VPD 的数字关系来确定大棚番茄在土壤水分充足的条件下，发生水分胁迫时的临界 VPD 值。

在图 5-5 中，在上午 11：00 之前空气 VPD 的增大引起了 LATD 曲线的下降，这种现象表明番茄蒸腾作用正常，没有出现水分胁迫。之后 LATD 随着 VPD 增大而出现上升趋势，这是气孔效应的一个标志。在经过一次充分灌水(11：30)，水分胁迫得到短暂的缓解之后，当 VPD≈2.7kPa 时，水分胁迫现象再次发生。

如果 LATD 是作为空气 VPD(VPD 作自变量)的函数来表达，那么这种关系就变得更加清晰了。如图 5-6 所示，气孔反应发生在空气 VPD≈2.7kPa 时。由于在此之前已经对番茄进行了充分的灌水处理，所以土壤水分不足的因素可以忽略，于是可得出曲线发生转折时所对应 VPD 的数值(VPD≈2.7kPa)就是在充分灌溉条件下迫使番茄发生水分胁

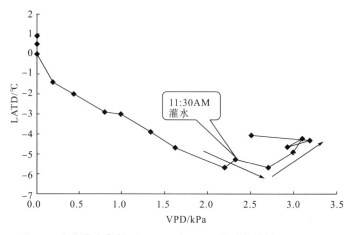

图 5-6　充分灌水条件下 LATD 与 VPD 关系曲线图(2006-4-24)

迫的临界值。所以日常生产中，应该注意加强管理尽量保证大棚内 VPD 低于 2.7kPa。

　　为进一步说明这一规律，试验同时使用茎液流速传感器以及空气温湿度传感器来对茎液流速和空气 VPD 的关系进行检验。如果在一天内，茎液流速和 VPD 之间的依赖关系为异步的也说明有了水分亏缺状态。如图 5-7 所示，上午 11：00 之前空气 VPD 的增加引起了茎液流速的增大是正常的现象，之后茎液流速的降低也是番茄出现水分胁迫的一个标志。

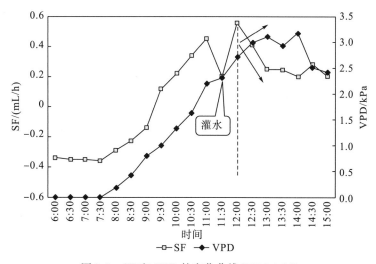

图 5-7　SF 和 VPD 的变化曲线（2006-4-24）

5.2　灌溉制度对番茄生长及大棚环境的影响

　　作物茎粗在白天蒸腾作用下会收缩，到了夜间才逐渐恢复水分含量。在夜晚，茎秆变粗证明植株体内水分含量处在正常的状态，这个状态可以根据作物茎粗极大值的日变化来体现，如果连续几天内作物茎粗极值的演变是正向的，则表明作物生长正常，如果茎粗极值的演变是负向的，则说明作物受到某种胁迫而引起生理现象紊乱[76]。

　　本章使用茎粗传感器来监测树干或作物根冠的演变情况，当茎粗极值日变化为负时说明作物受到某种胁迫或者生理出现紊乱，在这种情况下，尝试给土壤添加更多的水量并检测作物的反应，如果茎粗演变由退化变为稳定的增长，那么就能说明引起作物水分胁迫的最主要因素是土壤水分的缺乏。

5.2.1　连续充分灌水对番茄植株茎粗变化的影响

　　不正确的灌溉制度会造成植物出现水分胁迫。下层土壤中水分过多或过少对作物的生长都会产生很不利的影响，土壤干燥会导致植物体内缺水阻碍蒸腾作用，过量的水会引起作物通气不畅和厌氧压力。本章试验以大棚番茄茎秆直径 24h 的演变情况为对象，分析灌水对作物生长的影响。试验表明[76]，大棚番茄的茎粗一天的变化情况如下：在7：00 以后随着光照的增强，蒸腾作用迅速增大，这使茎粗增长速度急速减小，直到中午1：00 左右，蒸腾作用减小，茎粗增长速度又迅速加快，日落以后由于蒸腾作用停止，茎秆直径增长速度趋于平缓，大概在第二天凌晨 6：00～7：00 达到最大值。

　　但在某些时段，当空气持续过度干燥或下层土壤持水能力较低等情况下，将会出现土壤水分不足的现象，这会影响作物的正常生长发育。如图 5-8 所示，大棚内番茄在空气较干燥的天气里（4 月 10 日和 4 月 11 日）便出现了生长紊乱的现象，具体表现为番茄茎粗极值的演变连续两天内呈负向增长，即从 4 月 10 日凌晨 6：00 的 1522 μm 回缩为 4 月 11 日凌晨 6：30 的 1509 μm，茎秆直径发生萎缩。

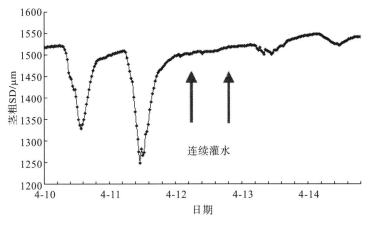

图 5-8　连续充分灌水对番茄植株茎粗变化的影响

　　由于作物茎秆直径的波动性主要受作物蒸腾作用和土壤水分供给情况的影响，于是试验在 4 月 12 日 8：00～11：00 和 20：00～22：00 连续对东 9 号大棚番茄进行了两次灌水（由箭头标记）以改善土壤水分状况。灌水之后，继续通过植物检测仪对番茄茎粗的变化情况进行观察，结果发现连续灌水作用下大棚番茄茎粗极值的演变迅速恢复为正向增长。试验结果表明，连续灌水可以有效改善因土壤水分不足而引起的大棚番茄茎秆直径萎缩的情况，并促进番茄茎秆的快速生长。

5.2.2　不同灌水模式下的灌水效果分析

　　由上述研究可知，大棚内的灌水定额、灌溉水量以及灌水时段是影响大棚作物生长和大棚内环境温湿度的很重要的因素，如果控制得当不仅能对室内环境的控制起到优化作用，而且还能实现高效节水，促进大棚内作物的增产增收，提高生产者的效益。

　　本章以大棚番茄生理发育状况和室内温湿环境为指标，主要研究大棚滴灌条件下，不同灌水模式（即在保证灌水总量相同的前提下，选取一天内不同的时间点来进行灌水）对番茄及棚室环境的影响，观测时间范围为灌水当天的日变化。通过对试验结果进行分析比较，最后得出大棚内灌水的最优时段。本次试验中，布置了三个灌水处理，分别采用三种不同的灌水模式：上午 8：30 灌水、中午 11：30 灌水和夜间 20：00 灌水，每次灌水 1h，灌水总量为 3m³。检测结果如下。

1. 不同灌水模式对大棚番茄蒸腾环境的影响

1) 灌水处理 1

　　试验于 2006 年 3 月 28 日早上 8：30 对东 9 号番茄棚进行了灌水，灌水之后，由于土壤内水分得到充分补给，番茄没有出现气孔效应，番茄的生理现象表现为正常状态。如图 5-9 所示，番茄的茎液流速与棚内饱 VPD 的变化基本同步，LATD 也与 VPD 呈现出较好的负相关，VPD 的峰值(2.6kPa)出现在 14：00 且低于大棚番茄的胁迫临界值 2.7kPa，这些数据都表明番茄未发生水分胁迫现象，灌水对大棚内温湿环境调节较好，番茄的蒸腾作用不受影响。

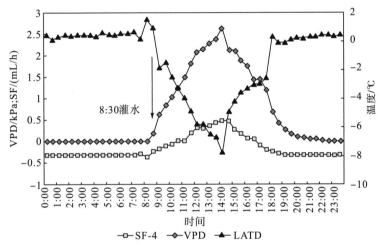

图 5-9　早上灌水对番茄植株的影响(3 月 28 日)

2) 灌水处理 2

　　处理 2 从中午 11：30 开始对大棚番茄实施灌水(据调查，这是当地生产者最常采用的一个灌水模式)。由于中午光照较强，灌水期间强光和高温形成的高蒸发力使棚内空气 VPD 一直处在较高的水平，而从灌水开始到作物体内水分得到充分补给还需要一个过程，所以在灌水期间番茄叶片出现了轻微的气孔效应，LATD 变化曲线在中午略有波动。如图 5-10 所示，由于气孔部分处于闭合或半闭合状态，叶片温度迅速上升，所以在 12：00~13：00LATD 随着 VPD 的升高也不断增大，直到 13：00 以后作物水分得到补充，作物蒸腾才再次恢复正常状态。同时，灌水对番茄茎液流速的促进作用也并不明显，茎液流速在日间始终保持在较平稳的水平。

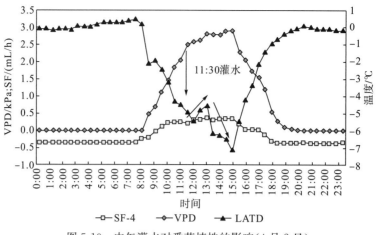

图 5-10 中午灌水对番茄植株的影响(4 月 2 日)

3)灌水处理 3

处理 3 为夜间灌水,灌水时间为 20:00。如图 5-11 所示,在 4 月 17 日作物有较明显的气孔效应,经过夜间灌水以后,第二天各种指标显示水分胁迫已经消失,作物蒸腾恢复正常。夜间灌水不受作物蒸腾作用的影响,土壤水分得到充分的补给,对缓解第二天的缺水状况有良好的作用。另外,由于水的比热较土壤大,晚上给田里灌满水可防止土壤温度过低冻伤农作物,而第二天早上因为土壤中水分较多,田块需吸收比平时更多的热量才能使地温升高,这会减慢田间升温的速度。棚内土壤层作为大棚热量的主要存储体,是大棚内升温的主要热量来源,地温的降低可以减少大棚效应,所以夜间灌水,可使第二天大棚内气温降低,亦可有效地调节大棚内高温干燥的环境。

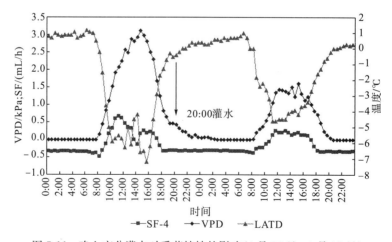

图 5-11 晚上充分灌水对番茄植株的影响(4 月 17 日~4 月 18 日)

2. 不同灌水模式对番茄植株茎粗变化的影响

1)灌水处理 1

如图 5-12 所示，从对大棚番茄茎粗的检测情况来看，在连续两天内茎粗极值分别出现在 3 月 28 日的 6：00(最大值为 2810 μm)和 3 月 29 日的 6：30(最大值为 2843 μm)，茎粗日平均增长速率为 1.38 μm。

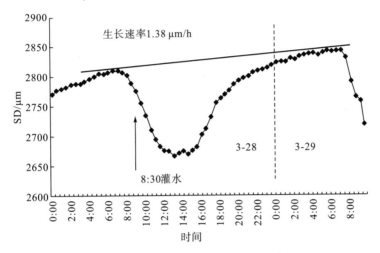

图 5-12　早上灌水对番茄植株的影响(3 月 28 日)

2)灌水处理 2

如图 5-13 所示，在连续两天内番茄茎粗极大值分别出现在 4 月 2 日的 7：00(最大值为 2891 μm)和 4 月 3 日的 6：00(最大值为 2909 μm)，番茄茎粗的日平均增长速率为 0.80 μm/h。

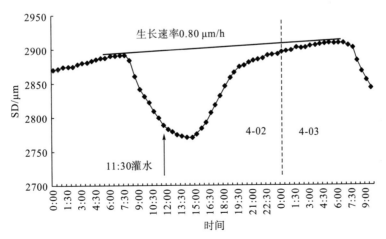

图 5-13　中午灌水对番茄植株的影响(4 月 2 日)

3)灌水处理 3

夜间是作物生长的主要时段,在夜晚没有光照,植株的蒸腾作用停止,开始进行呼吸作用,所以夜间灌溉水分多储存在地表土壤层中,对大棚番茄的生长促进作用并不大。如图 5-14 所示,连续两天内番茄茎粗极大值分别出现在 4 月 17 日的 6:00(最大值为 2908 μm)和 4 月 18 日的 6:00(最大值为 2935 μm),番茄茎粗的日平均增长速率为 1.13 μm/h。

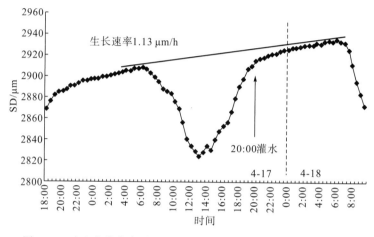

图 5-14 晚上充分灌水对番茄植株的影响(4 月 17 日~4 月 18 日)

通过观测结果发现,灌水时间的不同对茎粗极值出现的时间点没有多大影响。但对茎粗的增长速率影响还是有所不同的。三种灌水处理下的对茎粗增长的效果略有偏差,茎粗增长速率由大到小的比较结果为:早上 8:30 > 傍晚 20:00 > 中午 11:30,如表 5-2 所示。

表 5-2 不同灌水模式下大棚番茄茎粗日增长速率表   (单位:μm/h)

灌水模式	处理 1	处理 2	处理 3
生长速率	1.38	0.80	1.13

综上所述,从灌水对室内环境和对大棚番茄生理环境的影响来看,得到最优灌水模式应该为处理 1,即在清晨灌水更加有利于大棚番茄的生产。

5.3 大棚内地膜覆盖的节水效应

地膜覆盖的节水效应体现在两个方面:①通过覆盖地膜的阻水作用,抑制作物的棵间蒸发;②由于地膜材料的特性而使作物的耗水规律发生改变,这种改变表现在覆盖地膜后,土壤热状况和水分状况均与不覆盖地膜农田(同样的起始条件和外界条件)有所不同,作物长势的不同,SPAC 系统能量分配与交换的改变引起了蒸腾量的改变[136-139]。该项技术具有明显的保墒作用,能有效地改善土壤的湿度和土壤储水量,还对露天农田的土壤温度和空气湿度有明显的影响,从而影响了作物的蒸腾和土壤的蒸发,促进了农田水分的良性循环。

研究表明，生产中应增大覆膜宽度或使边行作物距离膜边缘远一些，为边行作物根区土壤提供较为对称的水分条件，促进边行作物与内行作物生长整齐[140,141]。但是如果覆膜宽度过大，不仅会造成材料的浪费，也可能影响覆膜的节水效应。本章在这种背景下，以田间试验为基础，研究不同地膜覆盖面积处理对大棚作物蒸散量的影响，力求找出合理的地膜覆盖方式，提高大棚作物生产效率，为我国大棚节水农业做出贡献。

5.3.1　地膜处理设计

为了研究不同地膜处理对大棚内环境的影响效果以及对番茄的节水效应，本书作者于2007～2008年设计并进行了大棚地膜覆盖试验。试验设计有两种地膜处理：①全面覆盖，将棵间土壤表面用黑色塑料布完全遮住，在东9号棚内进行；②局部覆盖，用宽约120cm的黑色塑料布铺在每个畦的上表面，而留下相邻畦之间的低洼处不进行地膜覆盖处理，在西3号棚内进行。两种田间布置情况如图5-15(a)和图5-15(b)所示。

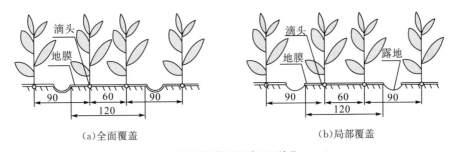

图5-15　膜下滴灌田间布置(单位：cm)

供试品种为大棚番茄，试验从两大棚建好棚顶之日(10月10日)开始，11月10日苗期结束，进入中后期。为对比两种覆膜处理的节水效应，在保证作物灌溉标准的前提下，适当调节灌水量，使两种处理的番茄长势相同[即叶面积指数(leaf area index，LAI)，株高H相同]。每种灌水处理设3次重复，各重复相邻布置，重复内设有测坑和暗管。逐日定时测量室内各种气象和蒸发情况，定期观测番茄株高和叶面积指数。土壤含水量通过TDR实测获得，每5天一测，测量时间为每个月的5日、10日、15日……

测坑内的实际耗水量可由第3章介绍的TDR法来实测获得。

5.3.2　地膜处理对大棚温湿环境的影响

试验中两种地膜覆盖处理对室内的温湿环境影响不大。东9号大棚在番茄生长初期日平均相对湿度为87.6%，中后期为90.3%；西3号大棚同期相对湿度较之略高，但并不明显，分别是87.8%和91.8%。这是由于大棚经常处于封闭状态，加上水分的潜热耗散，室内长期处于高温高湿环境。相比之下，合理控制通风和灌溉才是调节室内温湿环境最直接有效的方法。

5.3.3　不同地膜覆盖面积下土壤含水量的变化规律

地膜覆盖面积不同，会导致土壤热状况和供水条件的差异，试验中为保证番茄长势完全相同，要通过调节灌水量来满足番茄的需水要求，所以在试验开始之日，土壤含水量并不相同，西 3 号大棚土壤含水量高于东 9 号大棚，土壤含水量（体积百分比）变化曲线如图 5-16 所示。

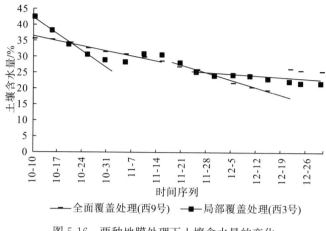

图 5-16　两种地膜处理下土壤含水量的变化

由图 5-16 可知，在生长初期（10-10～11-10），两种处理下长势相同的番茄蒸腾量相差不大，但由于植株矮小，叶面指数低，局部覆盖处理下的棵间蒸发量在作物蒸散量中占很大的比重，而全面覆盖中棵间蒸发可忽略不计，所以西 3 号大棚的土壤含水量下降趋势明显快于东 9 号大棚，两趋势线的变化率分别为 $0.387\% \cdot d^{-1}$ 和 $0.198\% \cdot d^{-1}$。从前面分析可知，番茄进入成熟期后（11-11～12-30），番茄生长使大棚内的空间减小，加重了室内湿度，同时为了保温，开窗换气的时间缩短，蒸腾受到限制，更主要的是，番茄遮阴率的加大，大大减小了室内原有的棵间蒸发的能力，所以西 3 号大棚含水量变化有所减缓（$0.135\% \cdot d^{-1}$）；东 9 号大棚因为一直不受棵间蒸发的影响，虽然室内蒸腾有所限制，但随番茄的增长，土壤含水量变化的速度加快（$0.291\% \cdot d^{-1}$）。

5.3.4　两种地膜覆盖处理的节水效应分析

在番茄生长初期，局部覆盖处理的番茄，由于存在棵间蒸发，其耗水量也相对较大；相比之下，全面覆盖的东 9 号大棚内，因为棵间蒸发完全受到地膜的阻隔作用，所以土壤水分利用率明显比西 3 号大棚要高，只要使用较少的水量就能满足番茄的正常生长，比同等时段内局部覆膜处理的番茄少耗水 42.7mm。番茄进入成熟期后，棵间蒸发对两种处理的影响大大减小，如图 5-17 所示，东 9 号大棚内耗水速率逐渐增大，而西 3 号大棚内的耗水速率却在下降，累计耗水量分别呈现出指数和对数的变化趋势。胡晓棠等[142]的研究结果表明，在膜下滴灌条件下土壤有效湿润区宽度等于覆膜宽度，所以两种覆盖面积下双根毛管控制的土壤有效湿润宽度分别为 150cm 和 120cm（图 5-15）。雷廷武[143]对土壤湿润比的定义，用相同深度内土壤有效湿润体积与滴灌毛管控制面积下的土壤体积之比来表示湿润比，则全面覆盖处理比局部覆盖处理的土壤湿润比大，即在成熟期要维持番茄长势相同，其灌水量必然要大于后者，才能使水分达到相同的计划湿润深度。

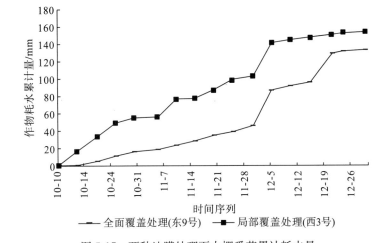

图 5-17　两种地膜处理下大棚番茄累计耗水量

5.3.5　地膜覆盖优化处理分析

从表 5-3 可以看出，两种覆盖处理不同生育期内的耗水量，在总耗水量中所占的比例是不一样的。东 9 号大棚内前期耗水比中后期要小，西 3 号大棚内前期耗水与中后期相当。在保证番茄生长发育同步的前提下，全面覆盖处理的大棚番茄实际耗水总量比局部覆盖处理的耗水量少 12.72%。

表 5-3　大棚番茄耗水量累积值

处理	前期/mm	中后期/mm	总计/mm
全面覆盖(东 9 号)	33.7	100.1	133.8
局部覆盖(西 3 号)	76.4	76.9	153.3

上述试验是在保证大棚番茄生长发育同步的前提下进行的，设想如果将两种处理进行优化配置，即在番茄生长初期，采用全面覆盖处理，如图 5-15(a)所示；到了中后期再将部分地膜揭开，形成图 5-15(b)所示的处理，那么在整个试验期内作物耗水量应为 33.7+76.9=110.6(mm)，与始终采取全面覆盖处理相比可多节约 23.2mm 的水量，这样灌溉水利用效率将会提高 17.34%。

5.4　小结

(1)本章充分利用大棚作物生长检测系统，实时观测番茄生理状况(叶表面温度、茎粗直径、茎液流速等)与大棚生态环境要素的变化规律，定性分析大棚生态环境要素对番茄生长发育水平的影响机理，得到如下结论：①番茄茎秆发育最优的临界夜间最低温度保持在 17.8℃左右；②得到两类典型天气条件下大棚番茄叶片、空气相对温度的变化规律，指出空气或叶片表面出现结露现象的临界时间点；③确定了在充分灌水条件下，大棚番茄发生水分胁迫时空气 VPD 的临界值约为 2.7kPa。

(2)本章通过试验对比三种不同灌水时间点的处理，发现清晨和夜间灌水对大棚番茄水分胁迫缓解作用显著，对室内温湿环境调节效果较好，而午间灌水效果相对较差。三种灌水处理对于促进茎粗增长的效果略有偏差，茎粗增长速率由大到小依次为：早上8：30＞傍晚20：00＞中午11：30。从灌水对室内环境和对大棚番茄生理环境的影响来看，最优灌水模式应该为处理1。

(3)通过大棚地膜覆盖的试验，本章对不同地膜覆盖面积条件下大棚番茄的节水效应进行比较分析。在保证大棚番茄生长状况良好且一致的情况下，对两个处理下的需水规律进行比较发现：在番茄生长前期，全面覆盖处理的耗水量小于局部覆盖处理的耗水量；当番茄进入成熟期以后，局部覆盖处理的节水效应又优于全面覆盖。通过分析两类地膜处理的优缺点，取长补短，提出如果在生产中把两种地膜覆盖处理进行优化组合便能达到更好的节水效果。

第6章 大棚热环境动态模型研究

大棚是个相对封闭的生产环境，棚室环境内的光、温、湿、气、土五个环境因素的综合作用，影响着作物的生长发育，当其中某一个因子起变化时，其他因子也会受到影响，随之变化。因此，棚室气候是一个非线性、多输入多输出、强耦合、时变、大时延的动态环境，对大棚微气候复杂的动态系统进行数值模拟及建模，不仅有利于进一步提高室内作物需水量模型的精度，还可以对大棚环境精确控制，从而为大棚作物提供最适宜的生长环境。只有正确掌握棚内小气候的特点及其调控技术，才能更好地发挥大棚的作用，使作物在适宜的环境中生长，以获取丰硕的成果。

由于大棚生态环境的要素很多，彼此之间的交互影响机理也十分复杂，要对大棚环境做十分全面具体的分析，建立全面的大棚模型比较困难。温度作为影响作物生长发育的最为敏感的环境因子之一，对作物的光合作用、呼吸作用、根系的生长和水分及矿物质的吸收等生理现象均有较大的影响，它也是大棚生产管理中最为重要的一个环境要素，因此对大棚环境调控的研究也是先从室内温度热环境开始。

本章将以大棚内的热环境（或室温）为主要研究对象，考虑大棚具体情况和特点，利用能量平衡的方法来模拟大棚系统与外界环境之间进行的热量交换，建立数学模型，为后面即将展开的通风条件下大棚温度环境的控制研究打下基础。

6.1 大棚系统整体能量平衡分析

大棚塑料薄膜有增温和保温作用。日出后，随着日照逐渐加强，薄膜棚内得到的太阳辐射能超过热传导和辐射散射热量，棚内迅速增温；午后日照减弱，散热超过所得到太阳辐射热，大棚开始降温，大棚系统正是这样与外界不断地进行热量交换的。研究大棚的热量平衡，首先必须了解热量在各物质之间是如何传递的。根据热力学原理，热传递主要分为以下三种方式。

（1）传导：热量从物体温度较高的部分沿着物体传递到温度较低的部分，这种方式一般是发生在接触的固体之间。在气体或液体中，热传导过程往往和对流同时发生。各种物质的热传导性能不同，一般金属都是热的良导体，玻璃、木材、棉毛制品、羽毛、毛皮以及液体和气体都是热的不良导体，石棉的热传导性能极差，常作为绝热材料。大棚内的热传导主要包括大棚覆盖层向室外的热传导和地中热传导。

（2）对流：液体或气体中较热部分和较冷部分之间通过循环流动使温度趋于均匀的过程。对流是液体和气体中热传递的特有方式，气体的对流现象比液体明显。对流可分自然对流和强迫对流两种。自然对流往往自然发生，是由于温度不均匀而引起的。强迫对流是由于外界的影响对流体搅拌而形成的。加大液体或气体的流动速度，能加快对流传热。

（3）辐射：热辐射是指热量由物体直接向外部以电磁波的方式进行扩散，这种方式在任何物质上都会发生。辐射换热与热传导和对流换热不同，它不依赖于介质，一切物体只要温度大于 0K，都在不断地向外界发射热射线。当物体间有温差时，高温物体辐射给低温物体的能量大于低温物体辐射给高温物体的能量，结果是高温物体将能量传给低温物体。即使各物体的温度相同，辐射换热仍在不断进行，此时各个物体因热辐射散失的热量等于吸收的热量，是一个动态的热平衡状态[144,145]。

在大棚的热量平衡中，这三种热传递过程是同时进行的。根据热力学的原理，如果相邻的两个或多个物体之间存在温度的差异，热量就会自动的从温度较高的物体传向温度较低的物体。大棚生产中，由于棚内的温度一般都高于外界，所以大棚时刻都在向棚外散发着热量。根据能量守恒原理，大棚系统在某段时间内积聚的总热量 ΔQ 应该等于大棚获得的总热量 Q_i 与大棚散失的总热量 Q_o 之差。即当 $Q_i > Q_o$ 时，大棚会蓄热而升温；当 $Q_i < Q_o$ 时，大棚会因为失热而降温；当 $Q_i = Q_o$ 时，大棚内外的热量收支达到平衡，此时温度不发生变化处于稳定的状态。不过，这里所说的平衡是相对的、暂时的和有条件限制的，而不平衡状态才是绝对的。

大棚作为一个整体系统，各种传热方式是同时发生的，彼此之间也是相互连贯的，是某种放热过程的不同阶段。大棚系统与外界之间热平衡原理图如图 6-1 所示。

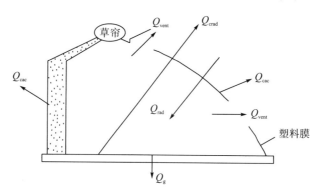

图 6-1　大棚总体热平衡原理

Q_{rad}. 总太阳辐射能；Q_{crad}. 长波热辐射损失；Q_{cac}. 对流传导热损失；

Q_{vent}. 通风换气热损失；Q_g. 地中传热量

6.1.1　大棚热量来源分析

本次选取的试验大棚没有专门的加温设备，所以大棚的全部热量都来自于外界的太阳辐射。外界太阳辐射进入大棚的情况非常复杂，阳光在进入大棚内部之前会先通过大棚顶部的覆盖膜。大棚覆盖用的塑料薄膜是一种电介质，覆盖材料的光学特性会导致透光率下降，且容易吸附水滴、灰尘和泥土等污染物，这些对太阳的短波辐射具有反射和吸收的作用，因此，太阳辐射在进入大棚时必然会产生一定的衰减。整个大棚系统获得的净太阳辐射能量可由式（6-1）来计算：

$$Q_{rad} = A_c R_s (1 - r_{cs}) \tag{6-1}$$

式中，R_s 为到达大棚外表面的太阳总辐射能，W/m^2；A_c 为大棚覆盖材料表面积，m^2；r_{cs} 为塑料膜的反射率，与覆盖物的材料和老化程度有关。

6.1.2　大棚热量支出分析

从热量传递的角度来分析，大棚热量的支出主要包括以下几个方面：①大棚本身因获得热量而向外界产生的长波热辐射损失 Q_{crad}；②大棚结构体表面与外界空气之间的对流热传递损失 Q_{cac}；③通风换气以及通过门窗、大棚缝隙等散失的热量 Q_{vent}；④由室内地面向下传递的地中传热量 Q_g。

此外，大棚的能量消耗还应包括光合作用消耗的热量，土壤表面水蒸发、作物蒸腾、覆盖层表面蒸发等消耗的热量。但由于它们对室温的影响相对于前四者来说非常微小，可以忽略不计，本章主要考虑前 4 种损失。

上述几种热量支出项的计算公式如下。

1）长波热辐射能量交换

大棚系统与外部环境之间的热辐射比大多数建筑要强烈，热辐射是大棚夜间热量损失的主要机理，所以热辐射是决定大棚热环境的一个重要因素。从大棚系统到外部之间的热辐射交换是通过大棚结构体表面材料进行的，覆盖材料对热辐射起阻碍的作用，阻碍的效率取决于热辐射的波长范围。

不同介质表面间的热辐射交换能量遵循 Stefan-Boltzmann 定律[146]。根据 Stefan-Boltzmann 定律，在一定温度下的全波长辐射密度的数学表达式为 $L = \sigma T^4$，即黑体的辐射和热力学温度四次方成正比，于是室内外长波辐射交换能量表达式可表示为

$$Q_{crad} = \varepsilon_{12} A_r \sigma (T_i^4 - T_o^4) \tag{6-2}$$

式中，A_r 为大棚结构体的表面积，m^2；σ 为 Stefan-Boltzmann 常数，$W/(m^2 \cdot K)$；T_i 为室内平均温度，K；T_o 为室外平均温度，K；ε_{12} 为大棚表面与外界空气之间的联合发射率，可由式(6-3)来确定[146]：

$$\varepsilon_{12} = (\varepsilon_1^{-1} + \varepsilon_2^{-1} - 1)^{-1} \tag{6-3}$$

式中，ε_1、ε_2 分别为大棚表面的平均发射率和空气的平均发射率。

2）大棚与外界空气对流热传导能量

与玻璃相比，塑料薄膜导热系数小，但其厚度仅为玻璃的 $1/30 \sim 1/20$，所以热传导散热的绝对数值还是不小的，它也是造成大棚系统昼夜温差较大的主要原因之一，因此，对流热传导在大棚热量平衡中不能忽略。

从成因来看，对流可以分为两类：自然对流和强迫对流。自然对流往往自然发生，是由于温度不均匀而引起的。强迫对流是由于外界的影响对流体搅拌而形成的，加大液体或气体的流动速度，能加快对流传热。这里主要考虑大棚外边界与室外空气之间的对流传热过程，它是由于室外空气流速（风速）的不断变化而形成的强迫对流。大棚的覆盖材料与外界空气之间进行的能量交换主要是通过空气对流形成的，当然也部分有热传导

和水蒸气流动的作用。对流放热的快慢受大棚覆盖材料的种类、状态(如干湿、洁净程度等)、厚度、大棚内外温度差、大棚内外风速等因素的影响。目前国内外关于大棚显热对流交换的研究已经比较成熟,本章也可以借鉴类似的方法进行分析[147-149]。材料的对流放热能力大小一般用热对流传导系数表示,单位面积上的对流传热大小为

$$Q = h(T_i - T_j) \tag{6-4}$$

式中,h 为热对流传热系数,W/K;T_i、T_j 为进行热对流传导的两种界面的平均温度,K。

根据牛顿冷却定律,室外风速与覆盖面积对对流热传递有很大的影响,于是得到大棚结构体外表面与空气的对流交换式为

$$Q_{cac} = K_v A_c (T_i - T_o) \tag{6-5}$$

式中,K_v 为覆盖材料的风速传热系数,受室外风速、外界温度和覆盖面积的影响[150](表6-1),W/(m²·K)。

表 6-1　大棚覆盖材料外表面传热系数

传热系数 K_v[W/(m²·K)]	条件	来源
$3.49v$	20m×10m 温室	Kanthak(1970)
$5.6\dfrac{v^{0.8}}{L^{0.2}}$	干扰 $R_a > 10^5$	Tantau(1975)
$2.8 + 1.2v$	Venlo 型温室($U \leqslant 4 \text{ ms}^{-1}$)	Bot(1983)
$7.2 + 3.84v$	塑料薄膜温室	Garzoli 和 Blackwell(1987)
$5 - 96\dfrac{v^{0.8}}{L^{0.2}}$	大型温室	De Halleux(1989)
$0.95 + 6.76v^{0.49}$	聚氯乙烯薄膜温室	Papadakis 等(1992)

注：L 为大棚的几何长度,m;v 为室外的平均风速,m/s。

本章大棚为塑料薄膜大棚,所以取 $K_v = 7.2 + 3.84v$。

3)通风热交换能量

通风换气放热包括开启通风口自然通风以及通过大棚门窗缝隙、覆盖层的破损、墙壁的裂缝等途径进行的各种散热过程,其中以开窗自然通风为主。此过程应包括潜热失热和显热失热两部分,但在通风时显热损失占大部分,相比之下潜热损失较小,可以忽略不计。由于大棚通风的复杂性,目前尚无系统的研究和成熟的理论模型,故利用已有的相关理论和方法,结合实测资料建模计算,于是大棚的通风换气的热损失可用式(6-6)表示[151]:

$$Q_{vent} = \frac{G_v(c_p\rho)(T_i - T_o)}{3.6} \tag{6-6}$$

式中,G_v 为大棚的换气量[它与大棚外风速 v、通风口面积 A_v 以及通风口的开度 u 有关,可表示为 $G_v = f(u, v, A_v) = u \cdot v \cdot A_v$],m³/h;$c_p$ 为空气中的热含量,J/(kg·K);ρ 为空气密度,kg/m³;T_i、T_o 为室内外的平均气温,K。

4)地中热传导

根据热传导的概念,当物体存在温度梯度时,热能就会从高温区域向低温区域传递,

这种热传递是依靠物体各部分直接接触而进行的。在大棚系统的热量平衡中，地中热传导起着很重要的作用：①进入大棚内部的太阳短波辐射，经过大棚内部作物层的吸收和发射，最终到达土壤表面。而大棚土壤表面能够反射投射在其表面的一部分太阳辐射，起到对太阳短波辐射再分配的作用；②土壤层是一个很大的热库[152]，与作物层相比，土壤层具有更强的保温和蓄热能力，所以土壤表层是大棚内的长波辐射源，以其长波辐射加热空气和地上植物，在大棚的大棚效应中也起到重要作用；③土壤密切接触作物根部，依靠传导向根部导出热量。土壤温度是按日周期而波动的，但随深度的增加，这种波动会逐渐减缓，一米以下深度的土壤温度已趋于稳定，甚至一年四季也不会发生很大的变化。

将大棚作为一个整体的系统来研究，地表获得的热量一部分通过辐射和对流的方式向上参与大棚内各部分之间的能量转化，这部分属于系统内部的能量交换，不会造成能量的损失；而另一部分则直接通过热传导向地下传热，提高土壤温度，这些热传导是属于大棚能量流失的部分，所以在建立室内外能量平衡时必须要考虑进去。由于现代大棚的地面一般都覆盖有塑料膜，所以可忽略土壤的表面蒸发，则土壤层地中热传导的热通量为[153]

$$Q_g = -K_h A_g \frac{\partial T_g}{\partial t} \tag{6-7}$$

式中，K_h 为土壤导热系数，W/(m·K)；A_g 为室内土壤表面积，m²；T_g 为土壤表层温度，K。

若将式(6-7)用差分的形式来表示，则有

$$Q_g = K_h A_g (T_g - T_h)/\Delta z \tag{6-8}$$

式中，T_h 为深度为 h 处的土壤温度(K)，一般认为地下 2m 深处土壤温度为恒定值，约为 15℃[154]。

实际中，土壤结构复杂，地温随土壤深度是不断变化的。为简化计算，本书中不考虑不同深度土层的温度变化，并以实测地面以下 5cm 深处的土壤温度来表示地表的平均温度，只考虑它与土壤的恒温层(地表以下 2m)之间的热量传导过程。

6.1.3　大棚热环境动态平衡方程的建立

根据热平衡原理[155]，试验大棚热环境动态变化平衡方程为

$$\Delta Q = Q_{rad} - Q_{crad} - Q_{cac} - Q_{vent} - Q_g \tag{6-9}$$

根据热量传递的计算公式：

$$\Delta Q = c_p m \Delta T = c_p (V\rho) \Delta T \tag{6-10}$$

式中，c_p 为空气中的比热，J/(kg·K)；V 为大棚所占的空间体积，m³；ΔT 为计算时段的温差，K。

吸热时 ΔQ 表现为正(用实际升高后的热量减去物体的初始热量)，放热时 ΔQ 表现为负(用实际的初始热量减去放热后的热量)。需指出，该公式适用于不涉及物态变化时的热量计算，即式(6-10)计算的是显热变化情况。发生物态变化后，物质的比热容变化了，此公式不再适用。大棚系统与外界的热量交换主要为显热的变化，潜热变化多发生

在室内，本章主要考虑大棚系统与外界的热量交换过程，因此，气温升降所引起的大棚内部空气的能量变化可以定义为

$$\Delta Q = V\rho c_p \frac{dT_i}{dt} \tag{6-11}$$

式中，dT_i/dt 表示室内温度的变化率。

根据上面的理论，得到大棚系统与外界能量平衡方程为

$$V\rho c_p \frac{dT_i}{dt} = A_c R_s(1-r_{cs}) - \varepsilon_{12} A_r \sigma(T_i^4 - T_o^4) - K_v A_c(T_i - T_o) - \frac{G_v(c_p\rho)(T_i - T_o)}{3.6}$$
$$- K_h A_g(T_s - T_h)/\Delta z \tag{6-12}$$

大棚其他参数取值详见表 6-2。

表 6-2   模型物理参数表

参数	符号	数值	单位
大棚体积	V	1605.4	m^3
空气密度	ρ	1.16	kg/m^3
空气中的热含量	c_p	1006	$J/(kg \cdot K)$
大棚覆盖材料表面积	A_c	659.3	m^2
大棚结构体表面积	A_r	885.9	m^2
大棚内土壤表面积	A_g	584	m^2
大棚通风口面积	A_v	51.2	m^2
塑料膜的反射率	r_{cs}	0.20	1
塑料薄膜的发射率	ε_1	0.9	1
空气的发射率	ε_2	0.9	1
Stefan-Boltzmann 常数	σ	5.67×10^{-8}	$W/(m^2 \cdot K^4)$
土壤导热系数	K_h	1.58	$W/(m \cdot K)$

大棚生产长期处于封闭和半封闭的状态，内部环境状态受到室内外多重因素的影响，所以大棚热状态系统是多变量、非线性且"开放"的系统[156]，式(6-12)所描述的大棚热环境动态数学模型是一个非线性微分方程，各参数和变量之间关系复杂，求解具有一定的难度。本章将使用 Simulink 仿真工具箱，通过建立子模块的方式，把式(6-12)的各个分项划分为若干简单的子系统，分别建立子模块，最后将各模块相结合得到大棚热环境的仿真模型。

6.2   基于 Simulink 工具箱的大棚热环境仿真模型

6.2.1   Simulink 工具箱简介

Simulink 是一个基于 MATLAB 平台用来对动态系统进行建模、仿真和分析的面向结构图方式的仿真环境，是 MathWorks 公司在 20 世纪 90 年代为 MATLAB 3.5 版本推出的一种新的图形输入与仿真工具，起初定名为 SIMULAB，但因其与著名的 SIMULA

软件名类似，故在 1992 年正式更名为 Simulink，它是目前动态系统仿真领域中最为著名的集成仿真环境之一[133,134]。

Simulink 是一个用来对动态系统进行建模、仿真和分析的软件包，它支持连续、离散或两者混合的线性和非线性系统，也支持具有多种采样速率的多速率系统。也就是说它基本上可以用来模拟所有可能遇到的动态系统。虽然 Simulink 没有自己单独的语言，但是它提供了一种 S 函数规则。所谓 S 函数可以是一个 M 文件，可以是一个 FORTRAN 程序，也可以是一段 C 语言或 C＋＋语言程序等，它通过特殊的语法规则使之能够被 Simulink 模型或模块调用，所以 S 函数可以使 Simulink 变得更加完整、充实，具有更强的处理能力。

Simulink 为用户提供了用方框图进行建模的图形接口，采用模块组合的方法来进行建模。与传统的仿真软件包用微分方程和差分方程建模相比，Simulink 工具箱具有更直观、方便、灵活的优点。这样可以使用户能够更加方便、准确、快速地创建动态系统的计算机模型，特别是对于处理复杂的非线性系统效果更加明显。Simulink 工具箱中包含功能齐全的子模型库：Source(信号源库)、Sinks(输出方式库)、Continuous(连续环节库)、Discrete(离散环节库)、Linear(线性环节库)、Nonlinear(非线性环节库)、Math(数学模块)、Signals & System(信号与系统)以及 Demos(实例库)等。随着软件的发展，子模型库得到极大的丰富和发展，它们能够帮助用户迅速建立自己的动态系统模型，并在此基础上进行仿真分析，通过对仿真结果的分析修正系统设计，从而快速完成系统的设计。与 MATLAB 一样，Simulink 也不是完全封闭的，它允许用户很方便地定制和创建自己所需要的各种模块或模块库。当前的 MATLAB 6.0/Simulink 4.0 及其以上的版本提供了更加丰富的专业模块库及强大的高级图形、可视化数据处理能力。Simulink 具有一套图形动画的处理方法，这使用户可以方便地观察到动态系统仿真的整个过程，为系统的动态仿真提供了良好的环境。

Simulink 和 MATLAB 的无缝结合，使其能够直接利用 MATLAB 丰富的资源和强大的科学计算功能；另外，Simulink 在系统仿真领域已得到广泛的认可和应用，许多专用的仿真系统都支持 Simulink 模型，这非常有利于代码的重用和移植。

此外，Simulink 还包括线性化和平衡点分析等模型分析工具。MATLAB 自身所带的所有应用工具箱，同样适用于 Simulink 环境。这就大大扩展了 Simulink 的适用范围，也使 Simulink 可以进入许多专业的领域，成为动态系统仿真和科学计算的有力工具。由于 MATLAB 和 Simulink 是集成在一起的，所以，用户可以在这两种环境中对自己的模型进行仿真、分析和修改。

一个典型的 Simulink 模型包括以下三种类型的模块：

(1)源模块。

(2)系统模块。

(3)显示模块。

这三种模块之间的典型关系如图 6-2 所示。

图 6-2　Simulink 模型要素关联图

其中，系统模块在 Simulink 模型中属于模型核心的部分，源模块是系统的输入，显示模块为系统的输出。当然，Simulink 模型并不一定要包含全部的三种元素，应用中通常可以缺少其中的一个或者两个。在某种情况下，也可以建立一个只有源模块和显示模块的系统，若需要一个由几个函数复合的特殊信号，则可以使用源模块生产信号并将其送入 MATLAB 工作空间或文件中。

6.2.2 大棚热环境仿真模型的建立

大棚室内温度的 Simulink 仿真框图如图 6-3 所示。

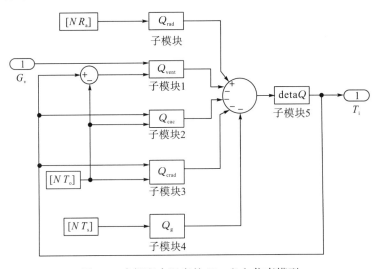

图 6-3 大棚室内温度的 Simulink 仿真模型

其中，框图中的几个子模块（Q_{rad}、Q_{vent}、Q_{cac}、Q_{crad}、Q_g、ΔQ）分别按照前面对应的公式来建立，整个模型在室外空气温度、室内地温和辐射已知的情况下，以控制通风量 G_v 为输入，以室内气温 T_i 为输出。各子模块的仿真示意图如图 6-4～图 6-9 所示。

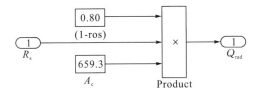

图 6-4 Q_{rad} 仿真模块示意图

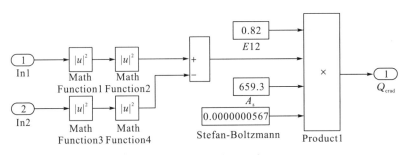

图 6-5 Q_{crad} 仿真模块示意图

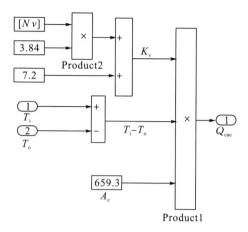

图 6-6　Q_{cac} 仿真模块示意图

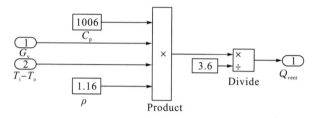

图 6-7　Q_{vent} 仿真模块示意图

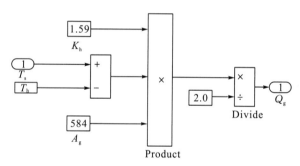

图 6-8　Q_g 仿真模块示意图

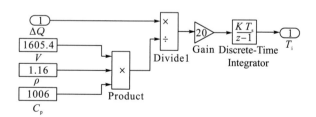

图 6-9　ΔQ 仿真模块示意图

6.2.3　仿真模型的检验

1. 试验资料

试验研究作物为番茄，研究期间正处于果实采摘盛期。验证模型所需要的数据包括：

外界太阳总辐射 R_a(W/m^2)，室外空气平均温度 T_o(℃)，室外平均风速 v(m/s)，室内空气平均温度 T_i(℃)，室内土壤表层(5cm 深度)温度 T_s(℃)以及大棚的通风口开启度 u ={0，1，2}，其中，0 表示大棚全封闭不通风，1 表示只开启天窗，2 表示天窗和侧窗同时打开。以上试验数据通过室外气象站和室内生长监测仪连接相应传感器自动采集，设定采集的时间间隔为 30min，所以在一整日内总共可采集 48 个数据点。由于塑料大棚每到夜间(18：30 左右)将处于完全封闭状态，低温季节还要覆盖防寒被，夜间室内热动态变化不显著，所以本章仅选择日间 7：00～18：30 这一时段作为研究对象，研究时段内共包含 N=24 个数据点。

在获取的众多样本数据中，本章选择了连续两天(4 月 20 日～4 月 21 日)的数据资料作为典型研究，这两天经过了由晴天向阴雨天气的转变，包含了阴晴两类典型的气候特征，具有一定的代表性。试验所需要的相关数据资料如图 6-10 所示。

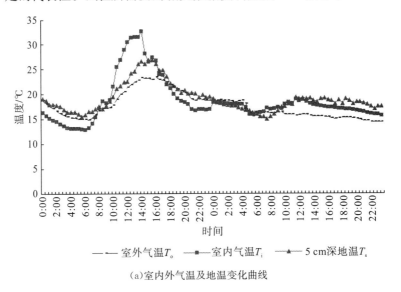

(a)室内外气温及地温变化曲线

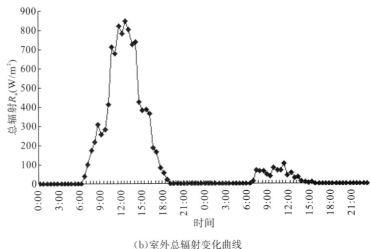

(b)室外总辐射变化曲线

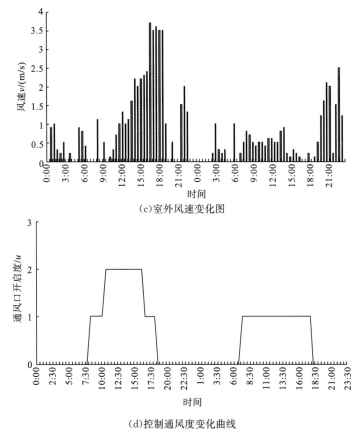

(c)室外风速变化图

(d)控制通风度变化曲线

图 6-10　输入输出变量曲线变化(4 月 20 日~4 月 21 日)

2.模型的验证

将各参数分别代入上述模型,对 4 月 20 日(晴天)和 4 月 21 日(阴雨)两种典型天气条件下大棚室内气温变化情况进行仿真,模型拟合结果如图 6-11、图 6-12 所示。

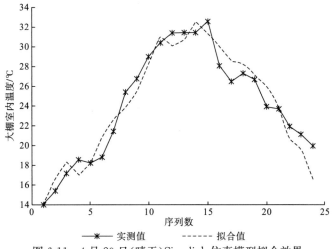

图 6-11　4 月 20 日(晴天)Simulink 仿真模型拟合效果

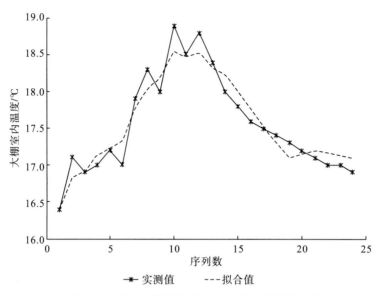

图 6-12　4 月 21 日（阴雨天）Simulink 仿真模型拟合效果

对两类天气下大棚内气温变化状态的拟合值和实测值进行相关性回归分析，结果如图 6-13、图 6-14 所示。图中显示，两类天气条件下模型拟合值和实测值之间均呈正相关，相关方程分别为 $y=0.9437x+1.3416$ 和 $y=1.0762x-1.3507$；复相关系数分别为 $R^2=0.9309$ 和 $R^2=0.9280$，拟合值和实测值都具有较好的一致性，不存在显著的差异。拟合结果表明，无论晴天还是阴雨天气，本章所建立的大棚环境模型均可有效地表现室内气温变化的真实情况。该模型的建立为下面通风条件下大棚室温模糊控制提供了模型基础。

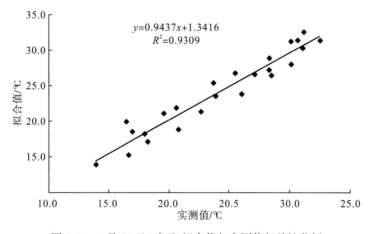

图 6-13　4 月 20 日（晴天）拟合值与实测值相关性分析

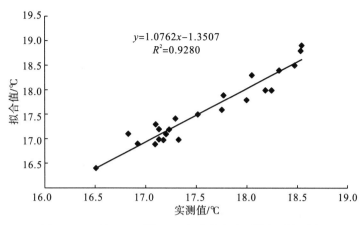

图 6-14　4 月 20 日(阴雨天)拟合值与实测值相关性分析

6.3　小结

本章以大棚内的热环境作为主要研究对象，考虑大棚具体情况和特点，利用能量平衡的方法模拟大棚系统与外界环境之间进行的热量交换，建立数学模型，并使用 Simulink 工具箱对模型进行了仿真和检验，仿真模型的建立为后面即将展开的通风条件下大棚温度环境的控制研究做好了准备。

第 7 章　基于 ANFIS 的大棚内气温环境调控模型

整个大棚系统的生态环境取决于内部各要素间的交互作用、外界气象因素的影响以及人为气候调控措施。鄂中地区的大棚蔬菜在整个生育期内所面临的最大问题是大棚内热环境的调控问题，不适宜的温度往往是影响大棚内蔬菜正常生长发育的主要原因。通风换气是大棚管理中最常用的一种方法。当大棚内的温度超出了植物生长的舒适范围时，开启天窗及侧窗，使大棚内的空气形成对流，以此对室内的温度进行调节。能否实时准确地控制通风成为目前大棚环境调控中极为重要的一个环节。

近些年，人们对于温室大棚小气候智能控制的关注和研究越来越多，而且已经获得了初步的成果。例如，开关逻辑控制、广义预测性控制、模型预测控制、线性二次自适应控制、神经网络控制、模糊控制、非线性控制和鲁棒性控制等[157-162]。其中，模糊控制在大棚气候控制领域的应用较为广泛，而使用模糊理论进行控制器的设计，很关键的问题在于如何确定隶属度函数类型及其参数。很多时候对于所研究的问题来说，会存在专家经验相对缺少或不成熟的情况，人们不能根据已有的经验给出隶属度函数的具体表达形式，如果对隶属度函数及其形状参数进行随机选取显然是不合理的。这时就需要寻找更合理的方法来解决专家经验不足的问题，自适应神经模糊控制理论就是解决这类问题的好方法，它可以通过对实测数据的自适应学习来确定隶属度函数的具体形状，解除缺少专家经验的限制[163]。

本章以大棚内的平均气温为控制对象，主要研究通风措施对大棚番茄室内温度的控制问题。首先使用 MATLAB 中的模糊神经网络 ANFIS 工具箱完成对神经模糊控制器的设计，然后组合第 6 章所建立的大棚热环境动态模型构造出大棚室内温度控制系统，并对该系统进行控制仿真。

7.1　模糊控制基本理论

7.1.1　模糊控制理论概述

模糊控制理论是一种隶属于非线性的人工智能控制理论。它建立在人类模糊性思维的基础之上，通过模仿人类可以接受不精确信息进行模糊思考的方式来进行逻辑推理[163]。美国的教授 L. A. Zadeh 于 20 世纪 60 年代率先提出了模糊集合的概念，为模糊数学的发展奠定了基础。1974 年，英国教授 Mamdani[164] 将模糊集合的理论应用到加热器的控制问题中，完成了世界上第一个模糊控制器的设计，并使模糊控制理论开始进入实际应用领域。模糊控制理论经过多年的迅猛发展，如今已经渗透到社会生产和科学研究等多个领域中，无论在理论研究还是实际生产中都取得了很大的成果，例如，污水处理控制、水质净化控制、交通控制、汽车速度控制、电梯控制、飞船飞行控制、热交换过程的控制、机器人控制、核反应堆控制等。模糊控制已成为目前实现智能控制的一种重要而有效的手段[165,166]。

模糊控制理论的核心是利用模糊集合理论，把人类的控制策略的自然语言转化为计算机能够接收的算法语言，以实现过程控制。由于模糊数学能够模仿人的思维方式，所以对那些无法用数学模型进行描述的对象也可进行良好的控制。与传统的控制方法不同，模糊控制无须事先确定被控对象的精确数学模型，它只需要通过使用一些较为粗略的已知的专家经验知识来对控制系统进行描述，并把模糊控制算法引入被控对象。基于这个特点，与传统精确控制方法相比较，模糊控制在处理一些不确定、不精确以及具有非线性特性的复杂系统时，具有更为明显的优越性。

7.1.2　模糊推理系统的结构

模糊推理系统主要分为三类——纯模糊系统、Takagi-Sugeno 型模糊系统和 Mamdani 型模糊系统。其中，纯模糊系统属于基础型模糊系统，其他几类模糊系统都是在纯模糊系统的基础上发展起来的[163]。纯模糊系统可以对专家经验性的语言信息进行量化，并且能依照模糊逻辑原则对这类信息加以利用，但是经过纯模糊系统推理出的结果无法直接在实际中应用，因为纯模糊系统的输入和输出都是模糊集合，必须将其转化为精确值才能直接应用。纯模糊系统经过多年的发展，出现一类具有模糊消除器和模糊产生器的新型模糊逻辑推理系统，简称"模糊逻辑系统"（图 7-1）。通过加入这两个模块，解决了纯模糊系统不能直接应用于实际工程的问题，而具有这类模糊逻辑系统的控制器就称为"模糊逻辑控制器"。

图 7-1　模糊逻辑系统的基本结构

如图 7-1 所示，模糊推理系统主要由模糊规则库、模糊产生器、模糊推理机和模糊消除器 4 个部分组成。

1. 模糊规则库

模糊控制规则表示模糊逻辑推理系统中各类模糊成分之间复杂的蕴涵关系，这些控制规则的总和被称为"模糊规则库"。模糊规则库的存在对模糊逻辑系统推理结果的正确性起决定性的作用。模糊逻辑系统其他各部分的运行也都是建立在读取、利用和解释这些模糊规则的基础之上的。常用的模糊控制规则都是以"if-then"的形式来表达的，这些模糊规则的获取可以是来自相关的专家经验，也可以是基于实测资料的自适应结果[167]。

2.模糊推理机

模糊推理机是用来完成模糊逻辑推理的主要部件，针对某个特定的输入量，模糊推理机会读取或调用模糊规则库内相关的控制规则来实现这个模糊推理的过程，通过进行一系列既定的蕴涵关系运算，最后得到合理的输出。整个推理过程包括模糊控制规则的表示、连接词计算及其运算性质、推理判断等。其中，模糊蕴涵关系的表示主要是通过 R_c 和 R_p 这两个算法来实现的。MATLAB 模糊逻辑工具箱为蕴涵关系提供了"and""or""also"这三种操作的连接词来进行运算。常用的规则算法[163]有以下几种。

（1）模糊蕴涵的最小值规则：

$$\mu_{A \to B}(x, y) = \min \{\mu_A(x), \mu_B(y)\} \tag{7-1}$$

（2）模糊蕴涵的乘积规则：

$$\mu_{A \to B}(x, y) = \mu_A(x)\mu_B(y) \tag{7-2}$$

（3）模糊蕴涵的算术规则：

$$\mu_{A \to B}(x, y) = \min \{1, 1 - \mu_A(x) + \mu_B(y)\} \tag{7-3}$$

（4）模糊蕴涵的最大值规则：

$$\mu_{A \to B}(x, y) = \max \{\min[\mu_A(x), \mu_B(y)], 1 - \mu_A(x)\} \tag{7-4}$$

（5）模糊蕴涵的 Boolean 规则：

$$\mu_{A \to B}(x, y) = \max \{1 - \mu_A(x), \mu_B(y)\} \tag{7-5}$$

（6）模糊蕴涵的 Geoguen 规则：

$$\mu_{A \to B}(x, y) = \begin{cases} 1, & \mu_A(x) \leqslant \mu_B(y) \\ \mu_B(y)/\mu_A(x), & \mu_A(x) > \mu_B(y) \end{cases} \tag{7-6}$$

式中，A 为推理机的输入；B 为推理机的输出，均为模糊集合。

3.模糊产生器

模糊产生器是用来将系统输入的精确值转换为模糊语言能识别的模糊量的部件，这个转化的过程也叫模糊化（fuzzification）。模糊化的过程应包括模糊集合标准论域的设定、量化因子的确定、隶属度函数即参数的选择、输入量隶属度的计算等。

假设控制系统输入偏差的基本论域为 $[-e, e]$，控制量的基本论域为 $[-u, u]$，设两者的模糊集合的标准论域为 $X = [-n, -n+1, \cdots, 0, \cdots, n-1, n]$，于是需要对两个基本论域 $[-e, e]$，$[-u, u]$ 进行"量化"处理，将它们量化到标准论域 X 中进行讨论。在此过程中，可以确定偏差的量化因子 k_e 为

$$k_e = \frac{n}{e} \tag{7-7}$$

控制量的量化因子 k_u 为

$$k_u = \frac{n}{u} \tag{7-8}$$

隶属度的大小代表了某一模糊变量隶属于某一模糊子集的程度，数值通过模糊隶属特征函数来表征，隶属度函数的选择是模糊化过程的关键，常用的隶属度函数有如下

几种。

(1)高斯型隶属函数:

$$\mu_e(x) = e^{-\left(\frac{x-m}{\sigma}\right)^2} \tag{7-9}$$

式中,m 为中心点;σ 为宽度。高斯型隶属函数特征曲线见图 7-2。

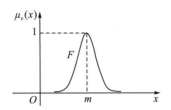

图 7-2　高斯型隶属函数特征曲线

(2)三角形隶属函数:

$$\mu_e(x) = \begin{cases} 0, & x \leqslant a \\ (x-a)/(b-c), & x \in (a, b) \\ (c-x)/(c-b), & x \in (b, c) \\ 0, & x \geqslant c \end{cases} \tag{7-10}$$

式中,a、b、c 为三角形的三个特征点。三角形隶属函数特征曲线见图 7-3。

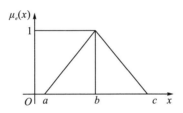

图 7-3　三角形隶属函数特征曲线

(3)梯形隶属函数:

$$\mu_e(x) = \begin{cases} 0, & x \leqslant a \\ (x-a)/(b-c), & x \in (a, b) \\ 1, & x \in (b, c) \\ (d-x)/(d-c), & x \in (c, d) \\ 0, & x \geqslant d \end{cases} \tag{7-11}$$

式中,a、b、c、d 为梯形的 4 个特征点。梯形隶属函数特征曲线见图 7-4。

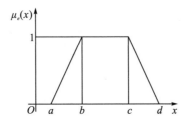

图 7-4　梯形隶属函数特征曲线

4. 模糊消除器

模糊消除器的作用与模糊产生器正好相反，它目的是将模糊逻辑系统推理出的结果由模糊量转变为精确的数值，所以这一过程也叫做反模糊化或去模糊化（defuzzification）。完成去模糊化有很多方法，较为常见的包括以下几类。

(1) 面积中心法（重心法）[163]。面积中心法指的是通过计算隶属度函数曲线包围区域的重心来确定去模糊化的结果。对于连续论域的情况，假设 $\underset{\sim}{U}$ 是某一变量 u 在论域 U 上的一个模糊子集，那么去模糊化后的结果为

$$u_c = \frac{\int_U \underset{\sim}{U}(u)u\,\mathrm{d}u}{\int_U \underset{\sim}{U}(u)u\,\mathrm{d}u} \tag{7-12}$$

(2) 最大隶属度法。所谓最大隶属度法，指的就是取模糊逻辑推导结果中的隶属度数值最大的那个点作为去模糊化的输出结果。假设某个模糊系统的推理结果为一个模糊量 C，那么它的最大隶属度对应精确值 u^* 就是去模糊化后的精确值，即

$$\mu_c(u^*) \geqslant \mu_c(u), \quad u \in U \tag{7-13}$$

式中，u 为精确控制量；U 为控制量 u 的论域。

需要注意的是，由于平均最大隶属度函数法不考虑输出隶属度函数的形状，所以它会丢失许多信息。

(3) 加权平均法。

在加权平均法中的权值要根据具体情况来选择，但是它的灵活性很好，权值的大小代表模糊系统的响应特性。需要注意的是，如果将权值定义成 $k_i = \mu(u_i)$，那么加权平均法又可以变成面积重心法。采用加权平均法所得去模糊化结果为

$$u^* = \frac{\sum_{i=1}^n k_i u_i}{\sum_{i=1}^n k_i} \tag{7-14}$$

式中，k_i 为权重系数。

7.2 自适应神经网络模糊推理器

7.2.1 模糊系统与神经网络的结合

模糊逻辑系统的推理在很大程度上依靠专家的经验和知识，但是在很多情况下，期望的专家经验或知识往往是缺少的或者不成熟的，这将很难确定隶属度函数类型及其参数特征。如果随机对隶属度函数及其形状参数进行选取显然是行不通的，需要找出更合理的方法来解决专家经验不足所带来的问题。自适应学习方法对于解决缺少专家经验或知识的问题是一个较好的办法，但是自适应学习本身也存在一些缺点：自适应学习涉及的很多知识都是偏于专业性的，这些理论和知识由于太过于专业，适用性都比较差，这也给模糊系统的自适应设计造成很大的困难。

针对以上问题，人们开始考虑采用将神经网络技术与模糊推理理论相结合的办法来实现这一目标。多年来，经过人们不断的努力研究，最终实现了两种理论的结合，并在此基础上产生了 ANFIS。ANFIS 综合了神经网络和模糊推理系统两者的特点，可以通过对实测数据进行自适应网络学习来确定隶属度函数的具体形状和参数，打破了专家经验不足对模糊系统设计的限制，它既能保证有效的学习能力又能很好地表达模糊语言，使两个理论的优点得到了充分的发挥。

7.2.2 模糊神经网络的结构原理

典型 ANFIS 的网络拓扑结构如图 7-5 所示。

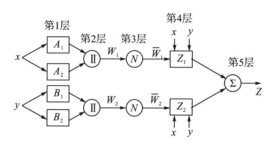

图 7-5 典型 ANFIS 系统结构示例

第 1 层：如图 7-5 所示，第一层中的各个方形节点 i 都是通过式(7-15)和式(7-16)来表示的：

$$O_{1,i} = \mu_{A_i}(x), \quad i = 1, 2 \tag{7-15}$$

$$O_{1,i} = \mu_{B_{i-2}}(y), \quad i = 3, 4 \tag{7-16}$$

式中，x（或 y）表示方形节点 i 的输入变量；A_i 或 B_{i-2} 为与该节点函数相对应的模糊语言变量。即 $O_{1,i}$ 表示模糊集合 $A = (A_1, A_2, B_1, B_2)$ 所对应的隶属度函数，以下同理。

第 2 层：这一层的节点对应的节点函数表达式为

$$O_{2,i} = w_i = \mu_{B_i}(x)\mu_{B_i}(y), \quad i = 1, 2 \tag{7-17}$$

第 3 层：这一层的节点对应的节点函数表达式为

$$O_{3,i} = \overline{w}_i = \frac{w_i}{w_1 + w_2}, \quad i = 1, 2 \tag{7-18}$$

第 4 层：在这一层中的每个节点 i 代表各个自适应点，它的输出表达式为

$$O_{4,i} = \overline{w}_i f_i = \overline{w}_i(p_i x + q_i y + r_i), \quad i = 1, 2 \tag{7-19}$$

第 5 层：该层中只有一个固定的节点，其输出结果的表达式为

$$O_{5,i} = \sum_i \overline{w}_i f_i = \frac{\sum_i w_i f_i}{\sum_i w_i} \tag{7-20}$$

实践证明，Mamdani 型模糊系统与 Sugeno 型模糊系统都可以实现与神经网络的良好结合，而且目前都已经有了比较成熟的设计方法。两个模糊系统各有优缺点，没有本质的区别。但是，相比之间，Sugeno 型模糊系统更适合于数学分析，且在形式上也更加紧凑，计算也相对简单，更易于与自适应方法相结合[163]，所以本章拟采用基于 Sugeno

模型的 ANFIS 来进行控制器的设计。

7.3　基于 ANFIS 的大棚通风控制器设计

在模糊逻辑工具箱中提供了建立神经网络模糊推理系统的图形界面工具 anfisedit，该函数以交互式图形界面的形式集成了建立、训练和测试神经网络模糊推理系统等各种功能。本章将使用这个工具箱来实现对自适应神经模糊控制器的建立。

模糊神经网络控制器的设计过程如下。

7.3.1　控制器结构的确定

本章设计的大棚通风控制器为一个双输入单输出的二维模糊控制器，新建模糊控制器的结构图如图 7-6 所示。其中，选择模糊控制器的输入变量为温度偏差 e 及温差变化率 ec，输出量 u 代表大棚通风口的开启度。

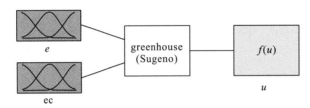

图 7-6　模糊控制器结构图

（1）输入项 e 及 ec 的确定：

$$e_i = T_i - T_z \tag{7-21}$$

$$\mathrm{ec}_i = \frac{e_i - e_{i-1}}{\Delta t_i} \tag{7-22}$$

式中，T_i 为大棚内实测空气平均气温，℃；T_z 为大棚内设定的最适宜温度，℃；Δt_i 为第 i 时段内的时间间隔，由于所有数据采集时间间隔是一致的，所以式（7-22）也可以这样来表达：

$$\mathrm{ec}_i = e_i - e_{i-1} \tag{7-23}$$

（2）控制输入项 u 的确定：通风口开启度 $u = [0，1，2]$，其中，0 表示大棚全封闭不通风；1 表示只开启天窗；2 表示天窗和侧窗同时打开。

7.3.2　训练数据的模糊化和去模糊处理

大棚通风控制器的设计过程需要用到的实测试验数据包括大棚室内平均气温 $[T_i/（℃）]$ 和通风口的开启度。采用 4 月 20 日（晴天）和 4 月 21 日（阴雨）两个典型天气的代表数据来进行模糊神经网络控制器的训练与检验（相关数据资料详见第 6 章）。

选择 4 月 20 日 7：00～18：30 的 24 个样本数据作为训练数据。首先根据作物实际生长状况，选择白天室内标准参照温度为 24℃。按照式（7-21）、式（7-23）的计算结果得到大棚内温度偏差 e 变化范围的基本论域为 $[-10，8.6]$，温差变化率 ec 的基本论域为 $[-5.1，4]$。这些数值都是精确量，要将其引入模糊控制器，必须对它们进行模糊化处理。在这种情况下，需要通过量化因子进行论域变换。设模糊控制器中输入输出量所对应的模糊集分别为 E、EC、U。

为减小输入信号误差，本章设定温度偏差 E 和温差变化率 EC 两个输入量的模糊集合论域为 $n = \{-6，-5，-4，-3，-2，-1，0，1，2，3，4，5，6\}$，于是两个输入量的量化系数分别为 $k_1 = 0.6$，$k_2 = 1.3$。量化后的论域可用"负大、负小、零、正小、正大"5 个模糊状态来描述，它们分别用 NB、NS、ZO、PS、PB 来表示，隶属度函数均采用梯形；对于通风口开启度 $u = [0，1，2]$，由于其本身数值为三个整数，可不必进行模糊化处理或量化系数为 $k_3 = 1$，即 $U = u$。

根据网络特点，本章将采用加权平均法来进行模糊输出量的去模糊化。

7.3.3　网络训练过程

模糊控制器的输入输出变量经过模糊化处理以后，便可使用自适应的神经网络来进行学习，训练误差变化曲线如图 7-7 所示。从图中可看出，经 80 次训练后，误差已经接近于 0(学习过程的收敛误差为 0.000054)，达到误差的期望值，网络训练结束。

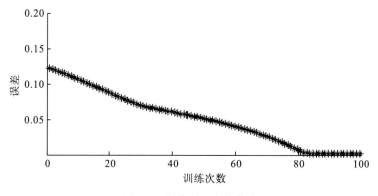

图 7-7　训练误差变化曲线

经过网络训练后得到输入变量隶属度函数和控制器三维结构如图 7-8 所示。

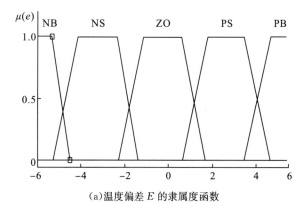

(a)温度偏差 E 的隶属度函数

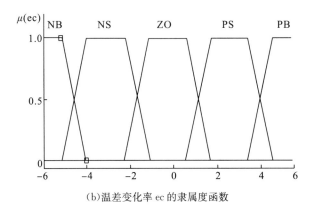

(b)温差变化率ec的隶属度函数

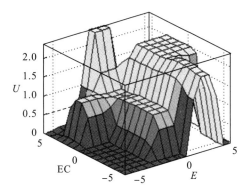

(c)模糊控制器输入与输出三维综合关系图

图7-8　模糊控制器训练结果

　　另外，模糊控制器的输出量 u 应该在论域$[0，1，2]$内，且为三个整数（分别代表通风口的三种开启状态），而已知基于 ANFIS 的模糊逻辑系统推理结果是连续值，所以在控制器的输出端应该进行以下的处理才能保证输出量为实际精确值：

$$u = \begin{cases} 2, & U \geqslant 2 \\ \mathrm{sgn}(u)\mathrm{int}(\ |U| \ +0.5), & 0 \leqslant U \leqslant 2 \\ 0, & U \leqslant 0 \end{cases} \qquad (7\text{-}24)$$

7.4　控制系统的建立及控制效果分析

7.4.1　控制系统仿真框图的建立

　　7.3 节完成了基于 ANFIS 的大棚通风系统的模糊控制器设计，将这个控制器与第 6 章所建立的大棚热环境动态仿真模型相连接，加入适当的仿真模块，构成环路系统，建立塑料大棚室内温度控制系统的 Simulink 动态仿真模型，仿真框图如图 7-9 所示。

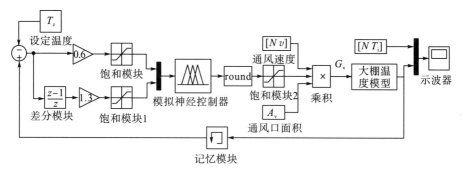

图 7-9 大棚室内温度控制系统的 Simulink 仿真模型

T_i 为被控制变量；G_v 为大棚通风量；v 为实测风速；N 为样本数量

接下来使用第 6 章所涉及的 4 月 20 日(晴天)和 4 有 21 日(阴雨)两天的实测试验数据，对大棚室内气温控制系统进行控制效果的仿真和检验。

7.4.2 控制效果的仿真及评价

图 7-10(a)、图 7-10(b)分别反映出在晴天(4 月 20 日)和阴雨天(4 月 21 日)两种典型天气条件下，塑料大棚室内温度实测动态变化与模糊控制结果的对比情况。从控制结果来看，室内温度的变化规律基本可以达到大棚番茄正常生长的要求(平均气温保持为 20～28℃，最高室温≤32℃，最低棚温≥10℃)。无论在晴天还是在阴雨天，图 7-9 所构造的模糊控制系统对室内温度的控制都能达到很好的效果，具体表现为，模糊控制系统输出的大棚室内气温变化规律相对于人为通风调节的情况要平缓很多。模糊控制克服了人为操作固有的主观性，在控制过程中可以缓解外界环境的剧烈改变对室内温度造成的较大干扰，从而达到平稳调节室内温度的目的，降低室内温度环境的剧烈改变危害作物正常生长的可能性。

模糊控制对室内气温的平稳调节效应，在外界环境变化剧烈的阴雨天更加显著[图 7-10(b)]。

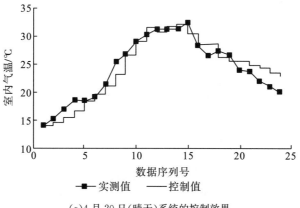

(a)4 月 20 日(晴天)系统的控制效果

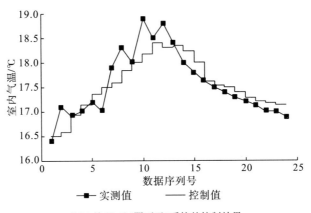

(b)4月21日(阴雨天)系统的控制效果

图 7-10　大棚室内气温的控制效果

从图 7-11 可以看出，在晴朗的天气里(4 月 20 日)，实测人为通风的条件下大棚室内空气温度的变化幅度保持在[−4.5,4]，并且一天内穿过 x 轴(恒温点)的次数达到 5 次，这说明人为通风不能精确控制，使室内气温的波动性较大；而在模糊控制通风的条件下，室内气温的变化率波动幅度控制在[−1.8,3.2]，波动幅度明显较人为控制通风的情况要小，且穿过 x 轴的次数由 5 次减为 3 次，变化相对平缓；另外，在 4 月 21 日的阴雨天气里，实测人为通风与模糊控制通风两类情况下大棚室内空气温度的变化率波动幅度较晴天时都有所减小，它们的范围分别为[−0.4,0.9]和[−0.4,0.4]，穿过 x 轴(恒温点)的次数分别为 9 次和 3 次。这些现象也说明，无论外界天气状况如何，大棚室内气温模糊控制系统可以通过精确地控制通风口开启度对室内温度环境进行有效的调节，降低了外界环境的剧烈变化对室内气温的影响作用，实现了优化控制的目的。

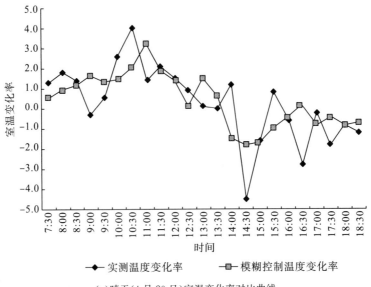

(a)晴天(4 月 20 日)室温变化率对比曲线

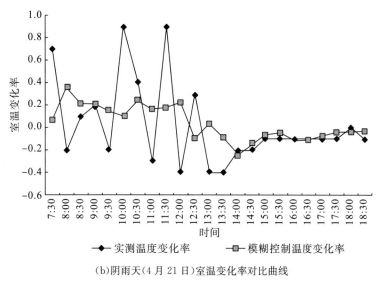

(b)阴雨天(4 月 21 日)室温变化率对比曲线

图 7-11　实测室温变化率与模糊控制变化率对比图

7.5　小结

　　本章对试验大棚内环境进行了关于模糊控制自然通风的研究,将设计好的控制器与第 6 章所建立的大棚室内热环境变化模型相结合,构建了基于 ANFIS 的大棚室内温度控制模型,并利用晴天和阴雨天两类典型天气的实测数据资料对该系统的控制效果进行了仿真检验,仿真过程体现了整个闭环系统的稳定性。结果表明,基于 ANFIS 的大棚室内温度控制模型控制效果理想,可有效减少人为因素对控制通风产生的干扰,这对于可靠性要求高、精度要求相对较低的大棚生产者而言具有实用价值。该试验成果虽然是针对本地区大棚番茄收获期的情况得出的,但是也可为其他地区和作物的情况提供一定的参考。

第8章 结论与展望

8.1 主要结论

本书在认真总结和归纳现有文献的基础上，全面考虑大棚内外气象环境要素、土壤水分、大棚生态环境调控、作物生长特性等诸多要素，开展了连续长期的田间现场观测和试验研究，获取了大量数据资料。在此基础上，本书开展了相关的理论和模型的研究，并取得了初步的成果。

(1)本书通过田间试验，对越冬大棚番茄蒸腾速率变化规律进行了深入研究，研究结果表明：大棚番茄蒸腾速率与环境因子具有很大的相关性；三种位置叶片的蒸腾速率变化规律基本相同：在晴天呈倒"V"字形的单峰变化，阴雨天呈"一"字形的变化；大棚番茄顶层叶片是进行蒸腾作用的主要部位；影响番茄蒸腾速率的各环境因子之间存在多重的相关性，经统计分析得到最大的方差膨胀因子 $VIP_{max}=86.46>10$，针对这种情况，引入偏最小二乘回归的分析方法，建立起基于土壤温度、相对湿度、平均气温、大气压、蒸发量、太阳辐射等环境因子的大棚番茄蒸腾速率偏最小二乘回归模型，并对模型的预测效果进行了检验，结果令人满意。

(2)针对大棚膜下滴灌这一特殊的灌溉水方式，通过试验研究和分析得到使用 TDR 精确测量大棚番茄膜下滴灌土壤含水量的方法，并在此基础上得到根据水量平衡推求作物需水量的计算公式，这些成果为大棚作物需水量的计算和检验提供了可靠的保证。

(3)在大棚作物需水量计算模型方面，本书引入基于边界层阻力测量技术的 P-M 方程，用于计算大棚室内番茄的需水量；同时根据试验基地实测数据，建立了网络结构为 6-24-1 的基于遗传神经网络的大棚番茄需水量预测模型(GA-BP 模型)，使用水量平衡法推求的番茄需水量对以上两个模型的计算结果进行了验证。研究结果表明，大棚环境内遗传算法优化后的 BP 神经网络模型预报效果较好，逐日预报绝对误差平均值为 0.53mm/d；以旬为单位的统计中，预测标准误差为 0.2141mm，有效性指数达到 94.24%。该模型在大棚环境下预测 ET 具有较强的适用性，预报精度很高。可见将 GA-BP 网络模型用于预测我国中部类似地区春冬季大棚番茄需水量较为可靠，且计算方法更科学准确，模型更稳定。试验结果对大棚作物需水量模型研究的进一步发展，具有参考价值。

(4)利用大棚作物生长检测系统，实时观测作物生理状况，定性分析大棚生态环境要素对主要蔬菜作物(番茄)生长发育水平的影响机理，以番茄生理状况为参考，确定最适宜大棚番茄生长的生态环境管理指标：①通过实测数据分析得出，无论是夜间温度过低或过高都对大棚番茄茎秆直径的生长产生影响(造成生长速率的降低甚至负向增长)，番茄茎秆发育最优的临界夜间最低温度应该保持在 17.8℃左右。②通过研究和分析连续两天时间内大棚番茄叶片、空气相对温度的变化规律，得到了在两类典型天气条件下，空气或叶片表面相对湿度达到饱和(即出现露水)的临界时间点。研究结果对于正确制定大棚通风排湿的管理制度具有指导意义。③通过对气孔效应的研究和分析，确定了大棚环境下番茄发生水分胁迫时空气饱和水汽压差的临界值为 VPD$\approx$2.7kPa，并提出在 VPD 临界值出现之前应采取适当管理措施加以控制，这对维持作物正常生产，使作物免受胁迫伤害具有实际的意义。

(5)本书通过试验对比三种不同灌水时间点的处理，发现清晨和夜间灌水对大棚番茄水分胁迫的缓解作用显著，对室内温湿环境调节效果较好，而午间灌水效果相对较差。同时，三种灌水处理对于最近茎粗增长的效果略有偏差，茎粗增长速率由大到小的比较结果为早上 8：30＞傍晚 20：00 ＞中午 11：30。从灌水对室内环境和大棚番茄生理环境的影响来看，最优灌水模式应该为处理 1，即在清晨灌水更加有利于大棚作物的生产。

(6)通过大棚地膜覆盖的试验研究，对不同地膜覆盖面积条件下大棚番茄的节水效应进行分析，结果表明，在保证作物生长状况良好且一致的情况下，地膜覆盖面积不同，会导致土壤热状况和供水条件产生差异。在番茄生长前期，全面覆盖处理下的耗水量小于局部覆盖处理的耗水量；当番茄进入成熟期以后，局部覆盖处理的节水效应又优于全面覆盖。进行耗水总量比较，发现全面覆盖比局部覆盖节水 19.5mm。如果将两种处理优化组合，即在番茄生长初期，采用全面覆盖处理，到了中后期再将部分地膜揭开形成局部覆盖处理，那么总耗水量将比全面覆盖处理时节约 17.34％，节水效应更为显著。试验结果对该地区生产管理有一定指导作用。

(7)本章实现了通过改变大棚通风口开启度来控制大棚内气温的目标。在根据热量平衡原理构建了大棚室内气温动态变化数学模型的基础上，基于 ANFIS 完成了大棚通风模糊控制器的设计，然后将控制器与大棚室温动态变化仿真模型相结合，建立了基于开窗通风来控制大棚室内气温的调控系统，并对控制过程进行了仿真。仿真结果证明了该控制器的性能：该模型既降低了人为控制误差，又减小了这些变量与室外干扰项之间的交互影响，保证了闭路环的稳定性，这对于可靠性要求高、精度要求相对较低的生产管理具有实用价值。

8.2　创新点

本书的特色与创新在于：率先进行国内外尚未系统开展的塑料大棚作物膜下滴灌需水规律、需水量计算模型、大棚生态环境调控措施及其节水效应的田间试验，通过理论和数值模拟方法模拟和预测大棚生态环境调控的交互影响和膜下滴灌的节水效应，从而为更科学地制定大棚生产管理措施提供依据。本章所涉及的研究内容，也是这一领域内的开创性工作。

(1)以水量平衡为依据，提出使用 TDR 测量大棚番茄膜下滴灌土壤含水量变化，进而推求大棚作物需水量的预测方法。该成果对我国大棚作物膜下滴灌需水量模型的研究具有深远的意义。

(2)针对环境因子之间存在多重相关性，引入偏最小二乘回归分析方法，建立了大棚番茄顶层蒸腾速率的偏最小二乘回归模型。该模型具有较强的有效性，对解决具有多重相关性干扰的多元回归分析问题以及样本成分的选取问题等都具有很好的效果。

（3）本书利用遗传算法优化 BP 神经网络结构，提高了神经网络的收敛速度和稳定性，构建了基于遗传算法优化的 BP 神经网络大棚番茄需水量预测模型，此方法为大棚作物需水量预测模型的发展提供了一条新的思路。

（4）本书采用植物生理传感器，实时或阶段地反映植物的生理状况及环境参数的变化规律。初步研究分析了大棚生态环境要素对主要蔬菜作物生长发育水平的影响机理，提出以作物生理状况为参考，确定最适宜大棚作物生长的生态环境管理指标的研究思路。

（5）基于 ANFIS，本书使用 ANFIS 工具箱完成了大棚通风模糊控制器的设计，实现了通过精确改变大棚通风口开启度来控制大棚室内气温的目标。该项技术对大棚小气候智能调控的发展都具有一定的参考价值。

8.3 展望

尽管本书的研究工作已取得了较为丰富的成果，但由于时间关系以及作者研究工作的视野有限，尚存在一些不足之处，需要在以后的学习和工作中进一步研究与完善。

（1）本书中建立的基于遗传算法的修正 BP 神经网络预测模型虽然精度较高，但研究成果是在特定塑料大棚的环境下建立的，对于同类型塑料大棚具有较好的适应性，然而已训练好的模型能否在其他地区或者其他类型的温室大棚内得到推广应用，有待更多试验资料的进一步验证。

（2）本书重点研究了不同调控措施对大棚作物的节水效应，然而大棚作物的产量、品质也是非常重要的指标，不容忽视。今后的研究还应全面考虑不同调控或管理措施对大棚作物的节水、产量和品质的综合影响机理，通过试验分析获得真正适合当地大棚农业的节水、丰产、优质的生产管理模式。

（3）本书只涉及自然通风条件下，通过控制通风口开启度来调节室内气温的方法。大棚生态环境要素不仅有气温，还包括湿度、CO_2 浓度、光照、地温等。此次研究尚未考虑大棚生态环境调控措施对于多要素的耦合控制情况，这也是以后应深入研究的内容。

（4）除了通风，调节大棚生态环境要素的管理措施还包括适宜的土壤水分状况调节、低温时段的保温、附加棚顶卷帘覆盖的保温等调控模式，它们对大棚 SPEC 生态系统的调控作用也是非常重要的，所以在以后的工作中应继续补充。扩展研究多个调控措施组合的情况对大棚生态环境要素的综合调节效应，为指导塑料大棚膜下滴灌实际生产管理提供科学依据。

（5）由于大棚 SPEC 生态系统的各个组成部分之间相互关联，且存在复杂的交互影响作用，所以有必要通过研究膜下滴灌土壤水分运动、作物生长发育与大棚内部环境的关系，建立基于室外自然气象要素进行大棚生态环境调控的多个子模型，将这些子模型有机结合，组成描述大棚膜下滴灌 SPEC 系统的综合调研模型并联合求解，从而为指导塑料大棚膜下滴灌的节水丰产、环境调控和生产管理提供科学依据。

参 考 文 献

[1] 罗金耀，李少龙. 我国设施农业节水灌溉理论与技术研究进展[J]. 节水灌溉，2003(3)：11-13.

[2] 山仑，唐绍忠，吴普特. 中国节水农业[M]. 北京：中国农业出版社，2004：1-12.

[3] 刘昌明，何希吾，任鸿遵，等. 中国水问题研究[M]. 北京：气象出版社，1996：60-75.

[4] 邹志荣，李建明，王乃彪，等. 日光温室温度变化与热量状态分析[J]. 西北农业学报，1997，6(1)：58-60.

[5] 李元哲，吴德让，于竹. 日光温室微气候的模拟与实验研究[J]. 农业工程学报，1994，10(1)：130-136.

[6] 李国景，徐志豪. 不同类型塑料大棚内冬季温湿度研究[J]. 浙江农业学报，1998(1)：36-39.

[7] 李良晨. 保护地设施内热湿状态的计算方法[J]. 西北农业大学学报，1991，19(4)：25-31.

[8] 李良晨. 不加温温室和塑料大棚内外温度的相互关系[J]. 西北农业大学学报，1992，20(1)：23-29.

[9] Sun Z F. 日光温室光环境实验研究[J]. ICABE，1996，10(2)：30-37.

[10] Rang X. 空气状况对温室内作物与空气热量、质量交换的影响[J]. ASAE，1995，38(1)：225-229.

[11] Nielsen B. 关于温室控制的传递函数的识别. JAER，1995，60(1)：25-34.

[12] 马国成，张福墁. 日光温室不同光环境对黄瓜光合产物分配的影响[J]. 北京农业大学学报，1995，21(1)：34-38.

[13] 罗金耀，李少龙. 灌溉水质综合属性评价研究[J]. 灌溉排水学报，2003，22(1)：70-72.

[14] 张树森，雷勒明. 日光温室蔬菜渗灌技术研究[J]. 灌溉排水学报，1994，13(2)：30-32.

[15] 诸葛玉平，张五龙. 保护地番茄栽培渗灌灌水指标的研究[J]. 农业工程学报，2002，18(2)：53-57.

[16] 梁祭福. 塑料温室内空气湿度变化规律与不同降湿处理效应研究[D]. 长沙：湖南农业大学，2003.

[17] Gallmann E, Hartung E, Jungbluth T, et al. Ecological pig fattening III-time of day effects[J]. Landtechnik, 2002, 57(4): 107-113.

[18] Randall H C, Locascio S J. Root growth and water status of trickle-irrigated cucumber and tomato[J]. J. Amer. Soc. Hort. Sci. , 1988, 113(6): 830-835.

[19] 冯江，罗金耀. 滴灌条件下溶质运移规律研究综述[J]. 中国农村水利水电，2004(6)：22-24.

[20] 高庆芳，李秉柏. 大棚辣椒需水量及节水灌溉研究[J]. 江苏农业科学，1992(1)：46，47.

[21] 许贵民，刘育慧，栾雨时，等. 塑料大棚黄瓜节水灌溉的研究[J]. 农业工程学报，1990，6(2)：56-63.

[22] 于凤颖，张胜利. 塑料大棚中番茄节水灌溉的研究[J]. 东北农业科学，1996(2)：10-16.

[23] 王文元，董玉云. 温室大棚滴灌系统设计与管理中值得注意的问题[J]. 节水灌溉，2000(2)：15，16.

[24] 水利部农田灌溉研究所. 塑料大棚（温室）灌溉配套技术的研究与应用[M]. 北京：水利部科教司，1991：1-25.

[25] Tindal J A, Beverly R B, Radcliffe D E. Mulch effect on soil properties and tomato growth using micro-irrigation[J]. Agron, 1991, 83: 1029-1034.

[26] Mannini P, Gallina D. Effects of different irrigation regimes on two tomato cultivars grown in a cold greenhouse[J]. Horticulral Abstracts, 1996(61): 641.

[27] Harmanto M, Salokhe V M, Babel M S, et al. Water requirement of drip irrigated tomatoes grown in greenhouse in tropical environment [J]. Agricultural Water Management, 2005, 71(3): 52-57.

[28] 杨启国，邱仲华，杨兴国. 甘肃旱作农业区发展节能日光温室蔬菜生产的可行性探讨[J]. 干旱地区农业研究，2002，20(2)：112-115.

[29] 曾向辉，王慧峰，戴建平，等. 温室西红柿滴灌灌水制度试验研究[J]. 灌溉排水，1999，18(4)：23-26.

[30] 徐淑贞，张双宝，鲁俊奇，等. 日光温室滴灌番茄需水规律及水分生产函数的研究与应用[J]. 节水灌溉，2001(4)：26-28.

[31] 陈青君，秦国，谢红桃，等.播期和密度对日光温室冬季黄瓜产量形成的影响[J]. 新疆农业科学，1997(5)：212-214.

[32] 栾时雨，蔡启运，孙业艺，等. 塑料大棚黄瓜的灌水始点[J]. 灌溉排水，1990，9(1)：62，63.

[33] Van der VekenL. Optimization of the water application in greenhouse tomato by introducing a tension meter-controlled drip-irrigation system [J]. Scientia Horticulture，1982(18)：9-23.

[34] 栾雨时. 塑料大棚黄瓜节水灌溉的研究[D]. 大连：大连理工大学，1988.

[35] 李远新，张万清，陈青秀，等. 适合保护地种植的厚皮甜瓜[J]. 农业新技术，2002(3)：29，30.

[36] Yang X S，Short T H，Fox R D，et al. Transpiration，leaf temperature and tomato resistance of greenhouse cucumber crop. Agricultural and Forest Meteorology，1990(51)：197-209.

[37] 李建明，邹志荣，付建峰，等. 温室番茄节水灌溉指标的研究 [J]. 沈阳农业大学学报，2002(1)：110-112.

[38] 王绍辉，任理，张福墁，等. 日光温室黄瓜栽培条件下土壤水分动态的数值模拟[J]. 农业工程学报，2000，16(4)：110-114.

[39] 王绍辉. 日光温室黄瓜栽培需水规律及生理机制的研究[D]. 北京：中国农业大学，2000.

[40] 冯绍元，丁跃元，曾向辉. 温室滴灌线源土壤水分运动数值模拟[J]. 水利学报，2001，1(2)：59-63.

[41] Smajstrla A G，Locascio S T. Tension meter-controlled，drip-irrigation scheduling of tomato[J]. Applied Engineering in Agriculture，1996，12(3)：315-319.

[42] 李远华. 实时灌溉预报方法及应用[J]. 水利学报，1994(2)：46-51.

[43] 康绍忠，蔡焕杰.农业水管理学[M].北京：中国农业出版社，1996：1-30.

[44] 康绍忠. 农田灌溉原理领域几个基本问题的思考与探索[J]. 灌溉排水学报，1992，11(3)：1-8.

[45] 李保国，龚元石，左强，等. 农田土壤水的动态模型及应用[M]. 北京：科学出版社，2000：2-6.

[46] 许迪，蔡林根，王少丽，等. 农业持续发展的农田水土管理研究[M]. 北京：中国水利水电出版社，2000：1-12.

[47] 李援农，马孝义，李建明，等. 保护地节水灌溉技术[M]. 北京：中国农业出版社，1995：25-43.

[48] 李毅，王文焰，王全九，等. 论膜下滴灌技术在干旱-半干旱地区节水抑盐灌溉中的应用[J]. 灌溉排水学报，2001，20(2)：42-46.

[49] 吴文勇，杨培岭，刘洪禄. 温室土壤-植物-环境连续体水热运移研究进展[J]. 灌溉排水学报，2002，21(1)：76-78.

[50] 孙宁宁，董斌，罗金耀. 大棚温室作物需水量计算模型研究进展[J].节水灌溉，2006(3)：16-19.

[51] Allen R G，Pereira L S，Raes D，et al. Crop evapotranspiration：guidelines for computing crop water requirements[S]. Rome：FAO，1998.

[52] Orgaz F，Fernández M D，Bonachela S，et al. Evapotranspiration of horticultural crops in an unheated plastic greenhouse[J]. Agricultural Water Management，2005，72(3)：81-96.

[53] 吴擎龙，雷志栋，杨诗秀. 求解SPAC系统水热输移的耦合迭代计算方法[J]. 水利学报，1996(2)：1-10.

[54] 吴文勇，杨培岭，刘洪禄. 日光温室土壤-植物-环境系统水热耦合运移动态模拟[J]. 灌溉排水学报，2003，22(3)：49-53.

[55] 吴从林，黄介生，沈荣开.地膜覆盖条件下SPAC系统水热耦合运移模型的研究[J]. 水利学报，2000(11)：89-96.

[56] 刘昌明，何希吾，任鸿遵. 中国水问题研究[M]. 北京：气象出版社，1996：35-46.

[57] 康绍忠，蔡焕杰.农业水管理学[M]. 北京：中国农业出版社，1996：1-12.

[58] 孟兆江，段爱旺，刘祖贵，等. 温室茄子茎直径微变化与作物水分状况的关系[J]. 生态学报，2006，26(8)：2516-2522.

[59] 彭致功，段爱旺，刘祖贵，等. 日光温室条件下茄子植株蒸腾规律的研究[J]. 灌溉排水学报，2002，21

(2)：47-50.

[60] 孙俊，罗金耀，李小平，等. 大棚茄子滴灌试验需水量研究[J]. 中国农村水利水电，2008(2)：11-13.

[61] 温耀华，罗金耀，李小平，等. 基于 BP 神经网络的大棚作物腾发量预测模型[J]. 中国农村水利水电，2008 (2)：20-21.

[62] 原保忠，康跃虎. 番茄滴灌在日光温室内耗水规律的初步研究[J]. 节水灌溉，2000(3)：25-27.

[63] Dodds G T, Trenholm L, Rajabipour A, et al. Yield and quality of tomato fruit under water-table management [J]. J. Amer. Soc. Hort. Sci., 1997, 122(4)：491-498.

[64] Shrivastava P K, Parikh M M, Sawani N G, et al. Effect of drip irrigation and mulching on tomato yield[J]. International Water & Irrigation Review, 1995, 15(1)：17-19.

[65] Harmant M, Salokhe V M, Babel M S, et al. Water requirement of drip irrigated tomatoes grown in greenhouse in tropical environment[J]. Agricultural Water Management, 2005, 71：225-242.

[66] Morales D, Dellamico J, Jerez E, et al. Performance of different tomato varieties cultivated under various irrigation regimes, comport mien to dereferences varied des de tomato cultivates a disinters regimens de riego [J]. Cultivars Tropicales, 1996, 17(1)：32-35.

[67] Blancol F F, Foleqatti M V. Evapotranspiration and crop coefficient of cucumber in greenhouse[J]. Resist Brasília de Engenharia Agrícola e Ambiental, 2003, 7(2)：285-291.

[68] 汪小旵，罗卫红，丁为民，等. 南方现代化温室黄瓜夏季蒸腾研究[J]. 中国农业科学，2002，35(11)：1390-1395.

[69] 罗卫红，汪小旵，戴剑峰，等. 南方现代化温室黄瓜冬季蒸腾量与模拟研究[J]. 植物生态学报，2004，28 (1)：59-65.

[70] 高庆芳. 大棚辣椒需水量及节水灌溉研究[J]. 江苏农业科学，1992(1)：46，47.

[71] 吴文勇，刘洪禄，杨培岭，等. 温室滴灌条件下甜瓜气孔阻力变化规律研究[J]. 中国农村水利水电，2002 (12)：28-30.

[72] 王新元，李登顺，张喜英. 塑料大棚早春西红柿耗水量水分利用率的研究[J]. 海河水利，1998(3)：16，17.

[73] 孙宁宁. 大棚作物需水量计算模型研究[D]. 武汉：武汉大学，2006.

[74] Yang X, Shor T H, Fox R D, et al. The microclimate and transpiration of a greenhouse cucumber crop. Trans of the ASAE, 1989, 32(6)：2143-2150.

[75] Montero J I, Anton A, Munoz P, et al. Transpiration from geranium grown under high temperatures and lowhumidities in greenhouses [J]. Agricultural and Forest Meteorology, 2001, 107(4)：32-332.

[76] Seginer I. The Penman-Monteith evapotranspiration equation as an element in greenhouse ventilation design [J]. Biosystems Engineering, 2002, 82(4)：423-439.

[77] Wang S, Boulard T. Predicting the microclimate in a naturally ventilated plastic house in a mediterranean climate[J]. Journal of Agricultural Engineering Research, 2000, 75：27-38.

[78] Boulard T, Wang S. Greenhouse crop transpiration simulation from external climate conditions [J]. Agricultural and Forest Meteorology, 2000, 100(5)：25-34.

[79] Jones H G, Tardieu F. Modelling water relations of horicultural crops: a review[J]. Scientia Horticulturae, 1999, 74(6)：21-46;

[80] 雷水玲，孙忠富，雷廷武，等. 温室作物叶-气系统水流阻力研究初探[J]. 农业工程学报，2004，20(6)：46-50.

[81] 霍再林，史海滨，陈亚新，等. 参考作物潜在蒸散量的人工神经网络模型研究[J]. 农业工程学报，2004，20 (1)：40-43.

[82] 张兵，袁寿其，成立，等. 基于 L-M 优化算法的 BP 神经网络的作物需水量预测模型[J]. 农业工程学报，2004，20 (6)：73-76.

[83] 冯艳，付强，李国良，等. 水稻需水量预测的小波 BP 网络模型[J]. 农业工程学报，2007，23 (4)：66-69.

[84] 王雪营. 基于神经网络大棚作物需水量预测模型研究[D]. 武汉：武汉大学，2008.

[85] Battikhi A M, Ghawi I. Musk melon production under mulch and trickle irrigation in the Jordan Valley[J]. Hort. Science. 1987(40)：578-581.

[86] 张朝勇，蔡焕杰. 膜下滴灌棉花土壤温度的动态变化规律[J]. 干旱地区农业研究，2005，23(2)：11-15.

[87] 彭致功，段爱旺，邹庆炉，等. 节能日光温室光照强度的分布及其变化[J]. 干旱地区农业研究，2003，21(2)：37-40.

[88] 邹庆炉 梁云娟，段爱旺，等. 日光温室内光照特点及其变化规律研究[J]. 农业工程学报，2003，19(3)：200-204.

[89] 邹庆炉，段爱旺，梁云娟，等. 日光温室内温光条件对作物种植制度的影响[J]. 干旱地区农业研究，2004，21(1)：106-110.

[90] 王舒，李光永，孟国霞，等. 日光温室滴灌条件下滴头流量和间距对黄瓜生长的影响[J]. 农业工程学报，2005，21(10)：167-130.

[91] 王舒，李光永，王占胜，等. 温室分层土壤条件下滴头流量和间距对湿润体的影响[J]. 灌溉排水学报，2005，24(4)：36-40.

[92] 康跃虎，王凤新，刘士平，等. 滴灌调控土壤水分对马铃薯生长的影响[J]. 农业工程学报，2004，20(2)：66-72.

[93] 刘祖贵，段爱旺，吴海卿，等. 水肥调配施用对温室滴灌番茄产量及水分利用效率的影响[J]. 中国农村水利水电，2003(1)：10-12.

[94] 柴付军，李光永，张琼，等. 灌水频率对膜下滴灌土壤水盐分布和棉花生长的影响研究[J]. 灌溉排水学报，2005，24(3)：12-15.

[95] 张鑫，蔡焕杰，邵光成，等. 膜下滴灌的生态环境效应研究[J]. 灌溉排水，2002，21(2)：1-4.

[96] 王同科，孙景生. SPAC 系统中水热耦合运移方程的有限元迭代算法[J]. 水利学报，1997 (3)：65-69.

[97] 王季震，刘培斌，陆建红，等. SPAC 系统中氮平衡及其模拟模型[J]. 天津大学学报，2002，35(5)：665-668.

[98] 罗毅，于强，欧阳竹，等. SPAC 系统中的水热 CO_2 通量与光合作用的综合模型建立(I)[J]. 水利学报，2001(2)：90-97.

[99] 张明炷，黎庆淮，石秀兰，等. 土壤学与农作学[M]. 3 版. 北京：水利电力出版社，1994：182，183.

[100] 张恒喜，郭基联，朱家元，等. 小样本多元数据分析方法及应用[M]. 西安：西北工业大学出版社，2002：23-42.

[101] 项静恬，史久恩. 非线性系统中数据处理的统计方法[M]. 北京：科学出版社，2000：1-9.

[102] Lorber A，Wangen L，Kowalski B. A theoretical foundation for the PLS algorithm [J]. Journal of Chemometr, 1987 (1)：19-31.

[103] De Jong S. SLMPLS：an alternative approach to partial least squares regression [J]. Chemometr Intellg Lab Sys，1993，18(3)：251-263.

[104] 王惠文. 偏最小二乘回归方法及其应用[M]. 北京：国防工业出版社，1999：2-10.

[105] 王惠文，黄薇. 成分数据的线性回归模型[J]. 系统工程，2003，21(2)：102-106.

[106] 王惠文，刘强. 成分数据预测模型及其在中国产业结构趋势分析中的应用[J]. 中外管理导报，2002(5)：27-29.

[107] 王惠文，刘强. 偏最小二乘回归模型内涵分析方法研究[J]. 北京航空航天大学学报，2000，26(4)：473-476.

[108] 尹力，刘强，王惠文. 偏最小二乘相关算法在系统建模中的两类典型应用[J]. 系统仿真学报，2003，15(1)：135-137.

[109] 付强，王志良，梁川. 基于偏最小二乘回归的水稻腾发量建模[J]. 农业工程学报，2002，18(6)：9-12.

[110] 付强，梁川. 节水灌溉系统建模与优化技术[M]. 成都：四川科学技术出版社，2002：1，2.

[111] 邓念武，徐晖. 单因变量的偏最小二乘回归模型及其应用[J]. 武汉大学学报(工学版)，2001，34(8)：

14-16.

[112] 邓念武，邱福清. 偏最小二乘回归神经网络模型在大坝观测资料分析中的应用[J]. 岩石力学与工程学报，2002，21(7)：1045-1048.

[113] 邓念武. 偏最小二乘回归在大坝位移资料分析中的应用[J]. 大坝监测与土工测试，2001，25(6)：16-18.

[114] 徐洪钟，吴中如. 偏最小二乘回归在大坝安全监控中的应用[J]. 大坝监测与土工测试，2001，25(6)：22，23，27.

[115] 张伏生，汪鸿，韩悌，等. 基于偏最小二乘回归分析的短期负荷预测[J]. 电网技术，2003，27(3)：37-40.

[116] 张大仁，赵立新. 基于遗传算法的 PLS 分析在 QSAR 研究中的应用[J]. 环境科学，2000，21(6)：11-15.

[117] 董春，吴喜之，程博. 偏最小二乘回归方法在地理与经济的相关性分析中的应用研究[J]. 测绘科学，2000，25(4)：48-51.

[118] 薛联青，汪家权，崔广柏. 区域经济、人口、排污量系统综合预测模型研究[J]. 西北水资源与水工程，2000，11(3)：22-25.

[119] 康绍忠，刘晓明. 土壤-植物-大气连续体水分传输理论及其应用[M]. 北京：水利电力出版社，1997：228，229.

[120] Stanghellini C. Transpiration of Greenhouse Crops[M]. Netherlands：Wageningen，1987：150，151.

[121] Thom A S，Oliver H R. On Penman's equation for estimating regional evaporation[J]. Q. J. Roy. Meteorol. Soc，1997，103(4)：345-357.

[122] 李远华，罗金耀. 节水灌溉理论与技术(第二版)[M]. 武汉：武汉大学出版社，2003：125-130.

[123] 王洪元，史国栋. 人工神经网络技术及其应用[M]. 北京：中国石化出版社，2002：11-16.

[124] 将宗礼. 人工神经网络导论[M]. 北京：高等教育出版社，2003：2，3.

[125] 陈祥光，裴旭东. 人工神经网络技术及应用[M]. 北京：中国石化出版社，2003：4，5.

[126] 陈树存，高正夏. 基于改进 BP 算法的 Elman 网络在软基沉降预测中的应用[J]. 工程地质学报，2006，14(3)：394-397.

[127] 陈世立，陈新民. 改进 BP 神经网络在冲压发动机性能预测中的应用[J]. 导弹与航天运载技术，2007(3)：46-49.

[128] 苏高利，邓芳萍. 论基于 MATLAB 语言的 BP 神经网络的改进算法[J]. 科技通报，2003，19(2)：130-135.

[129] da Conceicao Cunha M，Sousa J. Water distribution network design optimization：simulated annealing approach[J]. Journal of Water Resources Planning and Management，ASCE，1998，125(4)：215-221.

[130] 雷英杰. MATLAB 遗传算法工具箱及应用[M]. 西安：西安电子科技大学出版社，2005：122-136.

[131] 王小平，曹立明. 遗传算法：理论、应用及软件实现[M]. 西安：西安交通大学出版社，2002：1-25.

[132] 张文修，梁怡. 遗传算法的数学基础[M]. 西安：西安交通大学出版社，2000：21-35.

[133] 飞思科技产品研发中心. 神经网络理论与 MATLAB7 实现[M]. 北京：电子工业出版社，2005：105-121.

[134] 丛爽. 面向 MATLAB 工具箱的神经网络理论与应用[M]. 合肥：中国科学技术大学出版社，1998：25-30.

[135] 李国臣，于海业，马成林，等. 作物茎流变化规律的分析及其在作物水分亏缺诊断中的应用[J]. 吉林大学学报(工学版)，2004，34(4)：573-577.

[136] 王康，沈荣开，黄介生. 地膜覆盖条件下冬小麦耗水量计算及田间试验研究[J]. 水利学报，2000(10)：87-91.

[137] 张冬梅，池宝亮，董学芳，等. 地膜覆盖导致旱地玉米减产的负面影响[J]. 农业工程学报，2008，24(4)：99-102.

[138] 沈荣开，邓世鹏，张瑜芳，等. 不同土壤含水率情况下透明塑膜覆盖增温效应的研究[J]. 水科学进展，1999，10(4)：368-374.

[139] Liakatas A，Clavk J A，Monteith J L，et al. Measurements of the heat balance under plastic mulches[J].

Agric. and Fore. Meteorology, 1986, 36(6): 227-239.

[140] Chung S O, Horton R. Soil heat and water flow with a partial surface mulch [J]. Water Resource, Res, 1987, 23(12): 2175-2186.

[141] 李明思, 康绍忠, 杨海梅. 地膜覆盖对滴灌土壤湿润区及棉花耗水与生长的影响[J]. 农业工程学报, 2007, 23(6): 49-54.

[142] 胡晓棠, 李明思, 马富裕. 膜下滴灌棉花的土壤干旱诊断指标与灌水决策[J]. 农业工程学报, 2002, 18(1): 49-52.

[143] 雷廷武. 滴灌湿润比的解析设计[J]. 水利学报, 1994(1): 1-9.

[144] E. M. 斯帕罗, R. D. 塞斯. 辐射传热[M]. 顾传保, 等, 译. 北京: 高等教育出版社, 1983.

[145] J. P. 霍尔曼. 传热学[M]. 马庆芳, 等, 译. 北京: 人民教育出版社, 1980.

[146] D. 平茨, L. 西索姆传热学[M]. 葛新石, 等, 译. 北京: 科学出版社, 2002: 2-10.

[147] Miguel A F, Van de Braak N J, Silva A M. Free convection heat transfer in sereened greenhouse[J]. Journal of Agricultural Engineering Research, 1998, 69(2): 133-139.

[148] PaPadakis G, Frangoudakis A, Kyritsis S. Mixed, forced and free convection heat transfer at the greenhouse cover[J]. Journal of Agricultural Engineering Research, 1992, 51(3): 191-205.

[149] Lamrani M A, Boulard T, Roy J C, et al. AirFlows and temperature patternsinduced in a confined greenhouse[J]. Journal of Agricultural Engineering Research, 2001, 78(1): 75-88.

[150] Roy J C, Boulard T, Kittas C, et al. Convective and ventilation transfers in greenhouses, part 1: the greenhouse considered as a perfectly stirred tank[J]. Biosystems Engineering, 2002, 83(1): 1-20.

[151] 李小芳. 日光温室的热环境数学模拟及其结构优化[D]. 北京: 中国农业大学, 2005.

[152] 罗中岭. 当代温室气候与花卉[M]. 北京: 中国农业科技出版社, 1994: 72-79.

[153] Van Wijk W R, De Vries D A. Periodic temperature variations in Physics of Plant Environment[R]. Amsterdam: North-Holland Publishing company, 1963.

[154] Van Eimern J. Untersuchunger uber das Kima in Pflanzengestanden[R]. Offenbach: Bericht des Deutsehen Wettenstes, 1964.

[155] Boulard T, Baille A. A simple greenhouse climate control model incorporation effects on ventilation and evaporative Cooling[J]. Agricultural and Forest Meteorology(S0168-1923), 1993, 65(3): 145-157.

[156] Bennis N, Duplaix J. Greenhouse climate modeling and robust control[J]. Computers and electronics in agriculture, 2008, 27(6): 96-107.

[157] Coelho J P, de Moura Oliveira P B, Boaventura Cunha J, et al. Greenhouse air temperature predictive control using the particle swarm optimisation algorithm[J]. Comput. Electron. Agric, 2005, 49(4): 330-344.

[158] Arvantis. Multirate adaptative temperature control of greenhouses[J]. Comput. Electron. Agric, 2000, 26(3): 303-320.

[159] 宫赤坤, 陈翠英. 温室环境多变量模糊控制及其仿真[J]. 农业机械学报, 2000, 31(6): 52-54.

[160] 余泳昌, 胡建东, 毛鹏军. 现代化温室环境参数的模糊控制[J]. 农业工程学报, 2002, 18(3): 72-75.

[161] 汪小旵, 丁为民. 温室内温度的模糊控制[J]. 南京农业大学学报, 2000, 23(3): 110-113.

[162] Pasgianos G D, Pasgianos K G, Ananitis P, et al. A nonlinear feedback technique for greenhouse environmental control[J]. Comput. Electron, Agric, 2003, 40(2): 153-177.

[163] 吴晓莉. MATLAB辅助模糊系统设计[M]. 西安: 西安电子科技大学出版社, 2002: 133, 134.

[164] 余永权, 曾碧. 单片机模糊逻辑控制[M]. 北京: 北京航空航天大学出版社, 1995: 80-86.

[165] 汤兵勇, 路林吉, 王文杰, 等. 模糊控制理论与应用技术[M]. 北京: 清华大学出版社, 2002: 55-62.

[166] 李友善, 李军. 模糊控制理论及其在过程控制中的应用[M]. 北京: 国防工业出版社, 1996: 14-20.

[167] 佟绍成. 非线性系统的自适应模糊控制[M]. 北京: 科学出版社, 2006: 25-31.